Betriebsfeste Konstruktion und Berechnung von Schweißverbindungen

Ralf Späth

Betriebsfeste Konstruktion und Berechnung von Schweißverbindungen

Leitfaden für die Entwicklung geschweißter Strukturen anhand leistungsfähiger Berechnungsmethoden auch mittels FEM

Ralf Späth
Fakultät für Maschinenbau (HAW)
Universität der Bundeswehr München
Neubiberg, Deutschland

ISBN 978-3-658-40788-9   ISBN 978-3-658-40789-6   (eBook)
https://doi.org/10.1007/978-3-658-40789-6

Die Deutsche Nationalbibliothek verzeichnet diese Publikation in der Deutschen Nationalbibliografie;
detaillierte bibliografische Daten sind im Internet über http://dnb.d-nb.de abrufbar.

Planung/Lektorat: Eric Blaschke
Springer Vieweg ist ein Imprint der eingetragenen Gesellschaft Springer Fachmedien Wiesbaden GmbH und ist
ein Teil von Springer Nature.
Die Anschrift der Gesellschaft ist: Abraham-Lincoln-Str. 46, 65189 Wiesbaden, Germany

Vorwort

Das vorliegende Buch ist als Übersichtswerk angelegt, es soll für Ingenieure, Konstrukteure und Studierende den Einstieg aber auch ein tieferes Verständnis von schwingend beanspruchten Schweißverbindungen erleichtern. Es gibt zahlreiche Literatur zum Themenbereich Schweißen: Neben den wichtigen Fertigungsaspekten gibt es Veröffentlichungen zum Festigkeitsverhalten von spezifischen Schweißverbindungen. Auch finden sich Bücher, die aufwändige Berechnungsverfahren sehr wissenschaftlich und tiefgehend erläutern. Oft sind diese Ansätze weniger für industrielle Anwendungen geeignet.

In der englischsprachigen Literatur gibt es die hervorragenden Empfehlungen des IIW (International Institute of Welding): Hobbacher, A.F. (Hrsg.): Recommendations for Fatigue Design of Welded Joints and Components. Die dort aufgeführten Berechnungs-methoden und Wöhlerlinientabellen sind sehr gut für die industrielle Anwendung geeignet. Das Werk ist zwar mit Erläuterungen versehen, ist aber weniger zum Einstieg gedacht. Auch für ein tieferes Verständnis der Zusammenhänge ist es zu kompakt: Alle wichtigen Inhalte sind vorhanden, aber sehr komprimiert dargestellt. Das genannte Werk ist daher wichtige Grundlage für das vorliegende Buch – es wurde aber bewusst auf eine vollständige Übernahme der Formeln und Tabellen verzichtet. Für die eigentliche Berechnung von Schweißverbindungen sollten die genannten IIW-Empfehlungen eben-falls vorliegen.

Neben den wichtigen Berechnungskapiteln bietet dieses Buch eine Übersicht zu den Fertigungsverfahren des Schweißens sowie praktische Hinweise für Konstruktionen – je mit der Zielrichtung hoher Schwingfestigkeit der Schweißverbindungen.

Die Arbeiten zu dem Buch gründen sich auf mehrere Pfeiler: Die Grundlagen der Betriebsfestigkeit aus meiner Zeit als wissenschaftlicher Mitarbeiter am Lehr-stuhl für Landmaschinen der Technischen Universität München. Von meinem späteren Doktorvater, Prof. Dr.-Ing. Dr. h. c. Karl Theodor Renius, wurde ich schon früh zur Thematik der Betriebsfestigkeit für die Auslegung von Bauteilen hingeführt. Ihm gilt mein erster Dank, ohne seine Inspiration hätte ich mich vielleicht nicht mit diesem spannenden Themenfeld auseinandergesetzt. Die Berechnung und Konstruktion von Schweißverbindungen habe ich dann bei Liebherr-France SAS*in Colmar (F) intensiv kennengelernt, zuerst in der Berechnung, später in der Verantwortung der Entwicklung. Mein Dank gilt hier besonders meinem ehemaligen Vorgesetzten Dr.-Ing. Wolfgang Burget (†). Seine sehr strukturierte Denk- und Arbeitsweise war mir immer Vorbild.

Das Themenfeld konnte ich nach dem Ruf an die Universität der Bundeswehr München weiterführen. In enger Zusammenarbeit mit meinem Kollegen der Werkstofftechnik, Prof. Dr.-Ing. Günther Löwisch, betreiben wir ein gemeinsames Labor und bearbeiten zahlreiche Projekte in enger Kooperation. Die Berechnung und der Test von Schweißverbindungen sind hier ein wichtiger Forschungsbereich. Dem Kollegen Löwisch ein herzliches Dankeschön für die vielen inspirierenden Diskussionen sowie für die Durchsicht des Manuskripts.

Dieser Dank gilt auch den Herren Michael Ascher, Martin Steinebrunner und Siegmar Waldraff.

Ein herzliches Dankeschön an Herrn Eric Blaschke vom Verlag Springer Vieweg, Lektorat Maschinenbau, für die Durchsicht des Manuskripts und die Unterstützung bei der Verfassung des Buches.

In diesem Buch wird aus Gründen der besseren Lesbarkeit das generische Maskulinum verwendet. Jedoch werden ausdrücklich alle Menschen gleichermaßen angesprochen unabhängig Ihrer geschlechtlichen Identität.

Lenggries   Ralf Späth
im Januar 2023

Inhaltsverzeichnis

Liste der verwendeten Formelzeichen

Lateinische Buchstaben

a	a-Maß der Schweißnaht
A	Querschnittsfläche
D	Gesamtschädigung
E	Elastizitätsmodul
F	Kraft
$f(x)$	Häufigkeitsdichtefunktion (Statistik)
$F(x)$	Summenfunktion (Statistik)
J	Flächenträgheitsmoment
l, L	Länge
L_h	Lebensdauer in Stunden
m	Steigungsexponent im Zeitfestigkeitsast der Wöhlerlinie
m'	Steigungsexponent der Wöhlerlinie n. Haibach (Langzeitfestigkeit)
M_σ	Mittelspannungsempfindlichkeit
N	Lastspielzahl
n	Anzahl der Beanspruchungs- oder Lastniveaus
R	Spannungsverhältnis
R_{eH}	obere Streckgrenze
R_p	Plastifizierungsgrenze
T	Teilschädigung

Griechische Buchstaben

$\Delta\sigma$	Spannungsschwingweite
κ	Spannungsverhältnis nach DIN 15018-1 (zurückgezogen)
λ	Schlankheitsgrad
μ	Mittelwert (Statistik)

σ	Standardabweichung (Statistik)
σ	Normalspannung (allg.)
σ_{Kerb}	Kerbspannung
σ_M	Mittelspannung
σ_{Nenn}	Nennspannung
σ_{Sch}	Schwellfestigkeit
$\sigma_{Struktur}$	Strukturspannung
σ_W	Wechselfestigkeit
τ	Schubspannung (allg.)

Indices

1, 2	Zustand 1 oder 2 betreffend
A	Amplitude der betreffenden Größe
i	laufende Nummer, Zähler
K	Knicken betreffend
o	den oberen Wert betreffend
p	Plastifizieren betreffend
trag	tragende Größe einer Schweißnaht
u	den unteren Wert betreffend
W	die Wöhlerlinie betreffend

Einleitung

1

Das Betriebsfestigkeitsverhalten von Schweißverbindungen hängt neben der Konstruktion auch maßgeblich von der Ausführung der realen Naht ab. Dies schlägt sich auch im Aufbau des Buches wieder: Nach einer Übersicht zu den wichtigsten Schweißverfahren und dem Qualitätsmanagement von Schweißverbindungen folgen mehrere Kapitel zur Berechnung. Das vorliegende Buch kann gut als Ergänzung zu den Vorgaben des International Institute of Welding (IIW-Recommendations, Hobbacher 2016) gesehen werden. Jenes ist ein reines Regelwerk und ist zur Einarbeitung in das Thema weniger geeignet. Berechnungsregeln u. Ä. werden aber zu einem großen Teil aus den genannten IIW-Recommendations übernommen. Für die spätere Arbeit mit allen Tabellen, Formeln und Vorgaben sind die IIW-Recommendations unabdingbar und es wurde bewusst darauf verzichtet, dies hier umfassend zu übernehmen.

Am Ende des Buchs finden sich praktische Hinweise zu Testverfahren sowie zur konstruktiven Gestaltung von geschweißten Strukturen.

1.1 Inhalte des Buchs

Das Schweißen ist ein Fertigungsverfahren, das in sehr vielen Bereichen Anwendung findet. Es gibt weltweit, auf europäischer sowie auf nationaler Ebene eine Vielzahl von Organisationen, Vorschriften, Normen und Regelwerken, die sich mit dem Schweißen befassen. Ein einzelnes Buch kann keinesfalls alle Bereiche mit allen Aspekten abdecken. Zur besseren Einordnung sind nachfolgend die Themen aufgeführt, die in dem vorliegenden Buch primär behandelt werden:

- Schweißverbindungen für Strukturen
- Betriebsfestigkeitsverhalten von Schweißnähten
- Modellierung von Schweißverbindungen für die Berechnung mittels FEM
- Typische Werkstoffe für geschweißte Strukturen im Maschinenbau
- Anwendung in der industriellen Praxis.

Ebenso gibt es Themen, die in diesem Buch nur angeschnitten oder gar nicht behandelt werden:

- Detaillierte Vorgaben für den Schweißprozess selbst (z. B. Drahtvorschub, Stromregelung, Pendelstrategien, Arbeitssicherheit in der Fertigung etc.)
- Punktschweißverbindungen, wie z. B. im Automobilbau
- Spezielle Anwendungen wie z. B. Raumfahrt
- Spezielle Werkstoffe wie Titan, Magnesium o. Ä.
- Berechnung mit aufwändigeren Verfahren.

Als weiterführende Literatur (jeweils anschaulicher Überblick) kann empfohlen werden:

- Werkstoffe: Bargel und Schulze (2018),
- Grundlagen Schweißtechnik: Fahrenwaldt et al. (2014),
- Betriebsfestigkeit: Haibach (2006), Götz und Eulitz (2020),
- Schwingfestigkeitsversuche: DIN 50100, DVS 2403
- Konstruktion von Schweißverbindungen: Schuler (1992).

Dort finden sich viele weitere Quellen, auch für speziellere Fragestellungen.

1.2   Aufbau des Buchs

Das Buch startet mit einer kurzen Einführung zur Fertigung von Schweißverbindungen – dies ist eine wichtige Basis für die spätere Gestaltung und Berechnung. Der Konstrukteur muss die Randbedingungen der Fertigung genau kennen. Gerade bei Schweißverbindungen hat die reale Ausführung einen entscheidenden Einfluss auf das Betriebsfestigkeitsverhalten im Einsatz. Ein intensiver Austausch zwischen Konstruktion und Fertigung ist vor allem bei geschweißten Strukturen unabdingbar. Aspekte der Qualitätssicherung werden im dritten Kapitel behandelt. Es wird eine Vielzahl von Normen aufgeführt. Darauf folgt ein Überblick zur Festigkeitsberechnung von Schweißverbindungen – in Kap. 4 mit dem Fokus auf eine statische Beanspruchung.

In Kap. 5 werden die Grundlagen der Betriebsfestigkeit vermittelt, mit einer Fokussierung auf Methoden und Werkzeuge, die für die Berechnung und Auslegung geschweißter Strukturen in der industriellen Praxis wichtig sind. Die Anwendung dieser Methoden und des Wöhlerlinienkatalogs der IIW-Recommendations (Hobbacher 2016) wird im nachfolgenden Kapitel auch an Beispielen detailliert aufgezeigt. Es folgt das wichtige Kapitel zu den Methoden der FEM-Modellierung von Schweißverbindungen. Gezeigt werden folgende Ansätze:

- Nennspannungsansatz
- Strukturspannungsansatz
- Kerbspannungsansatz
- 3D-Scan-Geometrie-Ansatz.

Die ersten drei Ansätze sind auch in den IIW-Recommendations dargestellt. Die letztgenannte Methode wird vom Autor in mehreren Forschungsarbeiten auch aktuell noch intensiv untersucht. Es werden neue Vorgaben und Berechnungs- sowie Modellierungsrichtlinien erarbeitet. Dieser Ansatz ist für vorhandene, ausgeführte Schweißverbindungen der genaueste, aber auch der aufwändigste. Aufgrund steigender Computerleistungen wird dieser Ansatz in Zukunft an Bedeutung gewinnen.

In den Kap. 8 und 9 werden Hinweise und Tipps für den praktischen Betriebsfestigkeitstest behandelt. Es wird unterschieden in Ermüdungstests von Proben mit mehreren Prüflingen (gute statistische Absicherung) sowie in Validierungstests an kompletten Strukturen, die oft nur mit einem Prüfling durchgeführt werden können. Die Herangehensweise unterscheidet sich dabei.

Ein wichtiges Kapitel zur betriebsfesten Gestaltung von Schweißverbindungen bzw. geschweißten Strukturen folgt. Hier fließt auch die langjährige Praxis des Autors in der Gestaltung und Berechnung von geschweißten Strukturen mit ein.

Im Buch verwendete Begriffe lehnen sich so weit möglich an die DIN ISO/TR 25901-1 an. Für einheitliche Begriffe sei auch auf die weiteren Teile dieser Norm verwiesen. Teil 2: Arbeits- und Gesundheitsschutz, Teil 3: Metallschweißprozesse und Teil 4: Lichtbogenschweißen.

Jedem Kapitel nachgestellt sind ein Normen- und ein Literaturverzeichnis. Die Normen werden bewusst separat aufgeführt. Das erleichtert den Überblick und das Finden wesentlich. Die Sortierung der Normen im Verzeichnis erfolgt strikt nach der Nummer, ohne Berücksichtigung des Normengremiums.

Normenverzeichnis

DVS 2403:2020-10, Empfehlungen für die Durchführung, Auswertung und Dokumentation von Schwingfestigkeitsversuchen an Schweißverbindungen metallischer Werkstoffe

DIN ISO/TR 25901-1:2022-03, Schweißen und verwandte Verfahren – Terminologie – Teil 1: Allgemeine Begriffe (ISO/TR 25901-1:2016); Dreisprachige Fassung

DIN EN ISO 25901-2:2021-03 – Entwurf, Schweißen und verwandte Verfahren – Terminologie – Teil 2: Arbeits- und Gesundheitsschutz (ISO/DIS 25901-2:2021); Deutsche und Englische Fassung prEN ISO 25901-2:2021

ISO/TR 25901-3:2016-03, Schweißen und verwandte Prozesse – Begriffe für Metallschweißprozesse; Dreisprachige Fassung EN 14610:2004

DIN ISO/TR 25901-4:2022-03, Schweißen und verwandte Verfahren – Terminologie – Teil 4: Lichtbogenschweißen (ISO/TR 25901-4:2016); Dreisprachige Fassung

DIN 50100:2021-09 – Entwurf, Schwingfestigkeitsversuch – Durchführung und Auswertung von zyklischen Versuchen mit konstanter Lastamplitude für metallische Werkstoffproben und Bauteile

Literatur

Bargel, H.-J., Schulze, G. (Hrsg.): Werkstoffkunde, 12. Aufl. Springer Vieweg, Wiesbaden (2018)

Fahrenwaldt, H., et al.: Praxiswissen Schweißtechnik – Werkstoffe, Prozesse, Fertigung, 5. Aufl. Springer, Wiesbaden (2014)

Götz, S., Eulitz, K.-G.: Betriebsfestigkeit – Bauteile sicher auslegen! Springer Vieweg, Wiesbaden (2020)

Haibach, E.: Betriebsfestigkeit – Verfahren und Daten zur Bauteilberechnung, 3. Aufl. Springer, Berlin (2006)

Hobbacher, A.F. (Hrsg.): Recommendations for fatigue design of welded joints and components, 2. Aufl. (IIW document IIW-2259-15). Springer, London (2016)

Schuler, V. (Hrsg.): Schweißtechnisches Konstruieren und Fertigen. Vieweg, Braunschweig (1992)

Fertigung von Schweißverbindungen

2

Zur Fertigung von Schweißverbindungen gibt es zahlreiche Vorschriften, Normen und Regelwerke. Details zu Schweißverfahren können gut über den Deutschen Verband für Schweißen und verwandte Verfahren e. V. (DVS) bezogen werden. Lokal ist dieser Verband durch Schweißtechnische Lehr- und Versuchsanstalten (SLV) vertreten. Hier findet auch die Ausbildung der Schweißfachleute, Schweißfachingenieure etc. statt. Der internationale Dachverband ist das International Institute of Welding (IIW). Diese Thematik ist damit ausreichend normiert, durch Vorschriften (z. B. im Baubereich) abgesichert und durch jahrzehntelange Erfahrung in Betrieben verankert.

Das Ziel dieses Kapitels ist nicht, alle Verfahren sowie deren Vor- und Nachteile darzustellen. Es soll vielmehr nur ein Überblick gegeben und gezeigt werden, dass verschiedene Verfahren oder einzelne Parameter durchaus einen Einfluss auf das Betriebsfestigkeitsverhalten von geschweißten Strukturen haben können.

Der Werkstoff wird meist von der Konstruktion festgelegt. Da er aber großen Einfluss auf den Schweißprozess hat, wird er hier in diesem Kapitel behandelt. Die Schweißeignung verschiedenster Werkstoffe soll hier nicht im Detail dargestellt werden. Einige wichtige Werkstoffe für geschweißte Strukturen werden nachfolgend angerissen. Kenngrößen zur Schweißbarkeit von Werkstoffen (z. B. Kohlenstoffäquivalent für Stähle) werden nicht behandelt – hier sei auf die Literatur verwiesen (z. B. Bargel und Schulze 2018).

Ein weiterer wichtiger Punkt in der Fertigung von Schweißverbindungen ist die Prozesssicherheit in der Serienfertigung. Einzelne sehr gute Schweißverbindungen kann ein erfahrener Schweißer unter idealen Bedingungen (Zugänglichkeit, Spaltmaße etc.) sicher herstellen. In der Serienfertigung variieren die eingesetzten Werker und durch Toleranzen beim Zuschnitt und Verzug beim Schweißen können sich ungünstige Spaltmaße

© Der/die Autor(en), exklusiv lizenziert an Springer Fachmedien Wiesbaden GmbH, ein Teil von Springer Nature 2023
R. Späth, *Betriebsfeste Konstruktion und Berechnung von Schweißverbindungen*, https://doi.org/10.1007/978-3-658-40789-6_2

aufaddieren. Dies kann zu einer großen Streuung der Ergebnisse führen. Detaillierter wird hierauf im nächsten Kapitel „Qualitätssicherung von Schweißverbindungen" eingegangen.

Vor dem eigentlichen Schweißen müssen die Bleche geschnitten und die Nähte vorbereitet werden. Gerade die Nahtvorbereitung hat einen großen Einfluss auf das Betriebsfestigkeitsverhalten. Ideal ist eine Vorbereitung, die eine sichere Durchschweißung ermöglicht.

2.1   Werkstoffe für geschweißte Strukturen

In der industriellen Fertigung wird heute eine Vielzahl von Werkstoffen geschweißt. Aus der Vielzahl der Werkstoffe, die für das Schweißen geeignet sind, sollen hier nur die wichtigsten für tragende Strukturen herausgegriffen werden.

- Bau- und Feinkornstähle
- Schweißgeeignete Schmiedestähle
- Schweißgeeigneter Stahlguss
- Austenitische Stähle (nichtrostende Cr-Ni-Stähle)
- Duplexstähle (Austenitisch-ferritische Cr-Ni-Stähle)
- Verschleißresistente Stähle
- Aluminium.

2.1.1   Bau- und Feinkornstähle

Ohne Zweifel stellen Baustähle für viele tragende Strukturen im Maschinenbau nach wie vor die günstigste Werkstoffwahl dar. Hier hat sich die Festigkeitsklasse S355 (früher St52) immer mehr zum Standard entwickelt. Der etwas einfachere S235 (früher St37) ist zum Teil weniger verfügbar als der S355. Dies hängt auch vom gewünschten Halbzeug ab.

Stähle mit höheren Festigkeitsklassen mit nach wie vor vorhandener Schweißeignung sind durchaus am Markt erhältlich. Der Schweißprozess verlangt aber mit zunehmender Festigkeit mehr Aufmerksamkeit. Hohe Festigkeit bedeutet auch weniger „Gutmütigkeit". So muss z. B. bei Schweißungen an höherfesten Stählen schon bei geringerer Wanddicke vorgewärmt werden. Für diese Vorgaben sei hier auf die Literatur verwiesen (z. B. Fahrenwaldt et al. 2014). Heute übliche Festigkeitsklassen bei Bau- bzw. Feinkornstählen sind z. B. S235, S355, S460, S690, S960, S1100 und S1300. Ob die statische Festigkeit des Grundwerkstoffs auch entsprechend in der Schweißverbindung ausgenutzt werden kann, hängt von einigen Faktoren ab. Dies ist vor allem bei höherfesten Stählen in Abstimmung mit der Fertigung und durch Versuche abzusichern. Entscheidenden Einfluss haben unter anderem verwendete Schweißzusatzwerkstoffe, Abkühlgeschwindigkeiten, eingebrachte Wärmeleistungen etc.

Für die Schwingfestigkeit der Schweißverbindungen ergeben sich bei Verwendung höherfester Stähle in der Praxis keine Vorteile. Regelwerke, wie z. B. die Empfehlungen des IIW (Hobbacher 2016) geben einheitliche Schwingfestigkeitsklassen für Schweißnähte an Stählen des Festigkeitsbereichs bis 960 MPa an. Dies wirkt auf den ersten Blick verwunderlich, da die Schwingfestigkeit des Grundwerkstoffs mit zunehmender Bruchfestigkeit steigt. Bei Schweißverbindungen führen höhere Festigkeiten aber durchaus zu Nachteilen im Ermüdungsverhalten:

- Steigende Kerbempfindlichkeit höherfester Werkstoffe: Schweißnähte stellen meist auch eine scharfe geometrische Kerbe dar,
- wesentlich höhere Schweißeigenspannungen: Diese können Werte bis zur Streckgrenze des Werkstoffs erreichen,
- geringere Bruchdehnung: Lokale Spannungsspitzen können schlechter durch Plastifizieren abgebaut werden.

Für die Schwingbeanspruchung heben diese Nachteile in Summe etwa die Vorteile der höheren Festigkeit des Grundwerkstoffs auf.

Bei den hohen Festigkeitsklassen (jenseits 960 MPa Streckgrenze) wurde dies noch nicht abschließend erforscht. Die oben genannten Einflüsse des Schweißprozesses selbst müssen hier besonders sorgfältig durch Versuche validiert und prozesssicher eingestellt werden. Es ist davon auszugehen, dass bei diesen Stählen schon geringste Abweichungen im Schweißprozess zu einer deutlichen Verschlechterung der Schwingfestigkeit führen können.

Die einfacheren Stähle wie S185, E295, E355 und E360 sollten nicht für schwingbeanspruchte Schweißkonstruktionen verwendet werden. Bei diesen Werkstoffen sind die Qualitätsanforderungen recht gering, die Schweißeignung ist unsicher.

2.1.2 Schweißgeeignete Schmiedestähle

Schmiedestähle sind keine abgeschlossene Werkstoffgruppe. Allgemein werden Stähle mit weniger als 2 % Kohlenstoffgehalt als schmiedbar bezeichnet. Die Bandbreite ist damit sehr groß. Aufgrund der hier geforderten Schweißeignung wird die Auswahl eingeschränkt. Typische Schmiedewerkstoffe für Schweißkonstruktionen sind Einsatzstähle wie z. B. C15 (1.0401), 17Cr3 (1.7016), 16MnCr5 (1.7131) oder 18CrMo4 (1.7243).

Mit Schmiedeteilen lassen sich komplizierte Lastein- und -umleitungen konstruktiv meist sehr gut lösen. Schweißnahtvorbereitungen, Querschnittsübergänge etc. lassen sich gut in das Schmiedeteil integrieren. Bei höheren Fertigungsstückzahlen sind Gesenkschmiedeteile günstiger als Gussteile – die hohen Kosten für das Gesenk werden durch die geringeren Einzelkosten (sehr schnelle Fertigung in der Schmiedepresse) kompensiert. Die Komplexität von Schmiedeteilen kann aber nicht diejenige von Gussteilen erreichen.

2.1.3 Schweißgeeigneter Stahlguss

Mit Gussteilen können im Vergleich zu Schmiedeteilen noch kompliziertere Formen, Lasteinleitungen, Kraftumlenkungen, Querschnittsänderungen etc. umgesetzt werden. Die Formfreiheit ist höher als bei Schmiedeteilen. Bei der Verwendung von Stahlgussteilen als Verbindungs- oder Lasteinleitungselemente lassen sich große Strukturen aus Blechen und Halbzeugen vergleichsweise einfach und günstig herstellen. Als Beispiel sei eine Fachwerkkonstruktion genannt: Die Fachwerkträger werden durch Halbzeuge (Profile) gebildet, die komplizierten Knotenpunkte werden als Guss- oder Schmiedeteil (s. o.) ausgeführt. Typische schweißgeeignete Stahlgusswerkstoffe sind z. B. G17Mn5 (1.1131), G20Mn5 (1.6220) oder G18CrMo4 (1.7243).

2.1.4 Austenitische Stähle (nichtrostende Cr-Ni-Stähle)

Nichtrostende Cr-Ni-Stähle werden z. B. in der Lebensmittelindustrie oder im Baubereich bei sichtbaren Strukturen (Design) eingesetzt. Diese Stähle zeigen eine sehr gute Umformbarkeit sowie keine Aufhärtung oder Versprödung beim Schweißen. Die Korrosionsgefahr an den Schweißnähten ist allerdings erhöht, der Schweißzusatzwerkstoff sollte daher korrosionsbeständiger als der Grundwerkstoff sein. Das Schweißen von austenitischen Stählen bedarf besonderer Aufmerksamkeit hinsichtlich eingebrachter Wärmemenge, Heißrissgefahr und Verzug (recht hoher Wärmeausdehnungskoeffizient).

Typische Vertreter dieser Werkstoffe mit Schweißeignung sind: X5CrNi18-10 (1.4301), X6CrNiTi18-10 (1.4541) oder X2CrNiMoN17-13-5 (1.4439).

Die geringe Streckgrenze kann bei Schweißkonstruktionen durch Maßnahmen wie Kaltumformen oder Ausscheidungshärten nur begrenzt erhöht werden. Geschweißte Strukturen, die hohe statische Festigkeiten aufweisen sollen, werden daher eher aus ferritischen Stählen gefertigt. Mischverbindungen (Schwarz-Weiß-Verbindungen) aus ferritischen und austenitischen Stählen sind recht anspruchsvoll hinsichtlich der sich ergebenden Gefüge und würden den Rahmen dieses Buches sprengen.

Aufgrund der geringen Streckgrenze und der guten Umformbarkeit sind austenitische Stähle sehr gutmütig hinsichtlich des Abbaus von Spannungsspitzen an Kerben. Die Schwingfestigkeitsklassen (siehe Kap. 6) gelten daher auch für austenitische Stähle.

2.1.5 Duplexstähle (Austenitisch-ferritische Cr-Ni-Stähle)

Diese Mischform vereint die Vor- und Nachteile der ferritischen und austenitischen Stähle: Im Gefüge sind beide Anteile enthalten (daher der Name). Hinsichtlich Korrosion (gut bei Austenit) und Festigkeit (gut bei Ferrit) lassen sich durch die Anteile gute Kompromisse finden. Durch die schnelle Temperaturänderung beim Schweißen können sich die Gefügeanteile im Randbereich der Naht aber wieder verschieben. In den Bereichen nahe der Schmelzgrenze kann der Anteil des Ferrits deutlich ansteigen. Damit sinkt auch die Zähigkeit. Dies kann bei schwingender Beanspruchung in Kerben durchaus kritisch sein. Die Schweißparameter müssen sorgfältig abgestimmt und prozesssicher eingehalten werden. Vertreter der Duplex-Stähle sind z. B. X2CrNiN23-4 (1.4362), X2CrNiMoN22-5-3 (1.4462) oder X2CrNiMoN25-7-4 (1.4410). In der Liste steigen die Korrosionsbeständigkeit und Festigkeit leicht an, die Schweißeignung ist fallend.

2.1.6 Verschleißresistente Stähle

Verschleißresistente Stähle haben unter anderem einen erhöhten Mn-Gehalt. Die Verkaufsbezeichnung beinhaltet meist einen Härtewert (üblicherweise die Brinell-Härte), da Härte eine wesentliche Eigenschaft für Verschleißresistenz ist. Wegen geringerem Kohlenstoffanteil sind diese Stähle noch gut schweißbar, als Strukturstahl sind sie eher zu hart und zu wenig duktil. Eine Vorwärmung wird schon bei geringeren Blechdicken empfohlen. Das Risiko eines Sprödbruchs steigt mit zunehmender Härte. Unter Verkaufsbezeichnungen wie z. B. Hardox®, BRINAR® oder XAR® sind diese Stähle bekannt für Einsätze in verschleißbelasteten Bereichen, wie z. B. Kippermulden, Grab- und Bodenbearbeitungswerkzeugen oder in der Fördertechnik. Typische Qualitäten sind 18MnCr4-3 bzw. 23MnCr4-3 (beide laufen unter der Nummer 1.8714, Härte 400 HB), 24MnCr5-5 (1.8722 Härte 450 HB) und 28MnCr4-3 (1.8734, Härte 500 HB). Verschleißresistente Stähle werden üblicherweise über den Härtewert bzw. die Werkstoffnummer vertrieben. Die Bezeichnung über die Werkstoffzusammensetzung ist weniger üblich.

2.1.7 Aluminium

Aluminium ist wegen seiner geringen Dichte (grob ein Drittel von Stahl) u. a. besonders geeignet für Leichtbaustrukturen. Aufgrund des deutlich geringeren E-Moduls (ein Drittel von Stahl) wird der Dichtevorteil bei Steifigkeitsanforderungen aber wieder kompensiert. So haben z. B. nur massegleiche Zugstäbe im Vergleich zu Stahlausführungen die gleiche Steifigkeit. Die besonderen Eigenschaften des Aluminiums müssen also durch andere oder modifizierte Konstruktionen umgesetzt und ausgenutzt werden.

Außerdem ist Aluminium gut korrosionsbeständig (stabile Oxid-Schicht an der Oberfläche) und je nach Legierungsanteilen gut schweißbar. Meist wird Aluminium mit Schutzgasverfahren geschweißt – es kommen Argon, Helium oder deren Gemische zum Einsatz. Die schützende Oxid-Schicht (Schmelzpunkt 2050 °C) muss vor (mechanisch) oder beim Schweißen (Aufbrechen der Oxidschicht durch Wechselstrom) beseitigt werden. Beim Schweißen von Aluminium wird wegen der hohen Wärmeleitfähigkeit ein

Abb. 2.1 Gefügebereiche in der Wärmeeinflusszone einer Schweißnaht in Aluminium. (Adaptiert nach GDA 2007; mit freundlicher Genehmigung von © Aluminium Deutschland e. V. Düsseldorf 2007. All Rights Reserved)

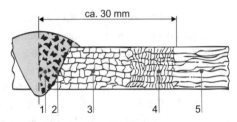

ca. 30 mm

1: unbeeinflusster Grundwerkstoff
2: Übergangszone
3: Rekristallisationszone (weich)
4: Bindezone/Schmelzlinie
5: Gussgefüge in der Naht

wesentlich größerer Bereich des Gefüges verändert als bei Stahl. Bereiche 30 mm links und rechts der Schweißnaht können beeinflusst sein, siehe Abb. 2.1. Dies ist in der Auslegung, Ausführung und Qualitätskontrolle von Schweißverbindungen mit Aluminium zu beachten.

Die Festigkeit von Reinaluminium ist eher gering, dafür ist es ausgezeichnet korrosionsbeständig (auch gegen Seewasser) und sehr gut schweißbar. Für höhere Festigkeiten werden meist Legierungen verwendet. Es gibt eine Vielzahl von Legierungssystemen mit wichtigen Legierungspartnern wie Cu, Mg, Mn, Si und Zn (diese werden auch gemischt eingesetzt). Je nach Legierungsanteil und -zusammensetzung kann die Schweißbarkeit deutlich reduziert sein. Ein vollständiger Überblick würde hier den Rahmen sprengen. Eine typische schweißrissfreie Legierung ist AlMg3Si. Bei vielen Legierungen sinkt die Festigkeit im Bereich der Schweißnaht und Wärmeeinflusszone stark ab – zum Teil können hier nachfolgende Wärmebehandlungen (Auslagern) die Festigkeit wieder erhöhen. Informationen zur Wärmebehandlung von Aluminiumlegierungen finden sich z. B. in GDA (2007). Ein sehr gutes Grundlagenwerk zu Aluminium in allen Facetten ist Ostermann (2014).

2.2   Zuschnitt und Schweißnahtvorbereitung

Für geschweißte tragende Strukturen werden oft Bleche und Halbzeuge eingesetzt. Hier sollten die Freiheiten bezüglich der 2D-Form (Blechzuschnitt) für eine günstige Spannungsverteilung, Lasteinleitung etc. genutzt werden. Mit der zunehmenden Verbreitung von 3D-Schnittwerkzeugen (z. B. mit Laser) können diese Freiheiten auch an Halbzeugen, wie Rohrprofilen für räumliche Tragwerke umgesetzt werden.

Daneben besteht auch die Möglichkeit, Schmiede- oder Gussteile mit in die Struktur zu integrieren. Bei diesen können Krafteinleitungen, -umlenkungen und die Schweißnahtvorbereitung günstig durch die freie Formgestaltung integriert werden.

Setzt man diese Freiheit geschickt ein, können sich Kosten- und Festigkeitsvorteile gegenüber reinen Blechkonstruktionen ergeben. Mit heutiger Computertechnik lassen sich die Schmiede- oder Gussteile hinsichtlich Gewicht, Spannungsverteilung, Steifigkeit etc. optimieren (Topologieoptimierung). Aufgrund der Werkzeugkosten für Guss- und Gesenkschmiedeteile wird man versuchen, diese Teile mehrfach in der Konstruktion einzusetzen – die Anpassung kann oft auf der Blechseite vorgenommen werden.

2.2.1   Zuschnitt

Der Zuschnitt erfolgt meist mit CNC-gesteuerten Verfahren. Damit hat der Konstrukteur völlige Freiheit bei der Gestaltung von Übergängen etc. Diese sollte maximal ausgenutzt werden. Die zusätzlichen Kosten in der Fertigung sind äußerst gering: So muss z. B. statt einer geraden Bahn nur eine Kurve programmiert werden. Die Daten werden heute allerdings meist direkt vom CAD-Programm an die Zuschnittsteuerung übermittelt, es fällt also kein Aufwand an.

Heute gebräuchliche thermische Schnittverfahren sind Brennschneiden (mit Acetylen), Plasmaschneiden und der Laserschnitt, siehe auch DIN 32516.

Beim Brennschneiden mit Acetylen wird der Werkstoff durch die Flamme stark erhitzt und durch Sauerstoffüberschuss verbrannt. Die Verbrennungsreaktion des Eisens ist exotherm, die freiwerdende Energie hilft bei der Vorwärmung der angrenzenden Schnittbereiche. Mit dem autogenen Brennschnitt lassen sich Blechdicken bis in den Meterbereich trennen, üblich sind aber meist Schnitte bis 300 mm. Es ist vor allem bei großen Blechdicken schnell und wirtschaftlich (auch im Vergleich zu den beiden anderen Verfahren), die Brennkanten haben eine mäßige Qualität und sind durch den Prozess stark aufgehärtet: Sie sind kritisch hinsichtlich der Schwingfestigkeit sowie kaum geeignet als unbehandelte Stoßfugen für das Schweißen. Brennschnittkanten sind vor dem Schweißen durch Schleifen zu entfernen. Cr-Ni-Stähle sowie Aluminium lassen sich mit diesem Verfahren nicht schneiden.

Das Plasmaschneiden ist ein Lichtbogenverfahren: Ein Pilotlichtbogen ionisiert ein Zündgas (z. B. Argon). Anschließend wird der Hauptlichtbogen gezündet und Plasmagas sowie eventuell Sekundärgas zugeführt. Es gibt eine Vielzahl von eingesetzten Gasen und deren Kombinationen. Das Schnittmaterial wird nicht verbrannt, sondern nur geschmolzen, das Plasma kann Temperaturen bis 30.000 °C erreichen. Es gibt eine Vielzahl von unterschiedlichen Verfahren (auch mit Wasser). Beim Plasmaschneiden werden deutlich bessere Schnittkanten als beim Brennschneiden erreicht. Auch die Genauigkeit der Schnitte ist deutlich höher als beim Brennschnittverfahren. Im Bereich mittlerer Blechdicken, grob von ca. 8 bis 15 mm, ist es schneller als die beiden anderen Verfahren. Ein exakt rechter Schnittwinkel wird meist nicht erreicht. Die Schnittfläche weicht wenige Grad von der Senkrechten ab. Es können auch Cr-Ni-Stähle sowie Aluminium durch Plasmaschneiden getrennt werden. Wegen der guten Oberflächenqualität kann das Verfahren auch zum Anfasen von Blechkanten verwendet werden.

Das Laserschneiden ist für kleinere Blechdicken äußerst schnell und wirtschaftlich und ergibt sehr saubere Kanten. Die maximale Blechdicke, die mit dem Laser getrennt werden kann, wurde in den letzten Jahren immer weiter erhöht und wird sich auch in Zukunft weiter nach oben verschieben. Es lassen sich fast alle Werkstoffe mit dem Laser schneiden. Dieses Schneidverfahren kann sehr gut zum Anfasen der Bleche verwendet werden.

Zusätzlich hat sich in den letzten Jahren das Wasserstrahlschneiden weiterverbreitet. Zum Trennen von Metallen wird ein Wasserstrahl mit einem Abrasivmedium unter sehr hohem Druck (mehrere Tausend bar) verwendet. Die Schnittkanten sind von hervorragender Qualität und thermisch völlig unbeeinflusst. Die Schnittgeschwindigkeit ist geringer als bei den anderen Verfahren, auch die maximale Schnitttiefe ist begrenzt. Das Verfahren wird aktuell stetig weiterentwickelt, die Kosten sinken zunehmend.

2.2.2 Nahtvorbereitung

Abhängig von der Stoßart müssen Bleche für die Verschweißung vorbereitet (zugeschnitten, angefast) werden. Beim Stumpfstoß, Abb. 2.2, ist fast immer eine Anfasung nötig. Die laufende Nummer 1 in der Abbildung ist nur möglich bei sehr dünnen Blechen oder mit Strahlschweißverfahren. In allen anderen Fällen sind Anfasungen nötig. Die laufenden Nummern 3 und 5 müssen in der Praxis nicht komplett durchgeschweißt sein – bleibt ein nicht durchgeschweißter Steg stehen, ist dies grundsätzlich äußerst kritisch hinsichtlich der Ermüdungsfestigkeit. Für schwingbeanspruchte Strukturen werden diese Nahtformen daher explizit nicht empfohlen.

Für eine völlige Durchschweißung ist auch beim T-Stoß ein Anfasen der Bleche unabdingbar (außer bei Strahlschweißverfahren). Die zentralen Größen für die Anfasung finden sich in Abb. 2.3. Diese sind grundsätzlich mit der Fertigung abzustimmen.

Öffnungswinkel Der Öffnungswinkel ist für die Zugänglichkeit des Schweißbrenners wichtig. Bei T-Stößen wird oft ein Winkel von 45° vorgegeben, bei Stumpfstößen 60°, je nach Werkstoff und Schweißprozess können die Werte auch abweichen. Ein kleiner Öffnungswinkel reduziert den Nahtquerschnitt und damit Fertigungszeit, Kosten, Energieeintrag etc.

Spaltmaß Das Spaltmaß sollte sehr gering sein, üblicherweise werden hier Werte bis 2 mm akzeptiert. In der Praxis können Spaltmaße durch ungünstige Addition von Fertigungstoleranzen zum Teil erheblich variieren. Denkt man sich das Beispiel in Abb. 2.2 als Teil einer Schweißbaugruppe, können z. B. folgende Toleranzen eingehen:

Nr.	Bezeichnung, Bemerkung	Darstellung der Naht Nahtvorbereitung gestrichelt	Symbol
1	I-Naht, vollständige Durchschweißung nur bei dünnen Blechen		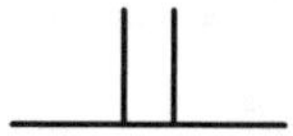
2	V-Naht, vollständige Durchschweißung, keine Gegenlage	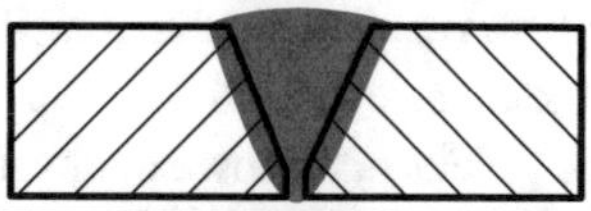	
3	Y-Naht, keine vollständige Durchschweißung	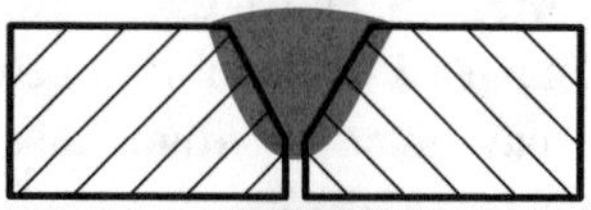	
4	HV-Naht, vollständige Durchschweißung, keine Gegenlage	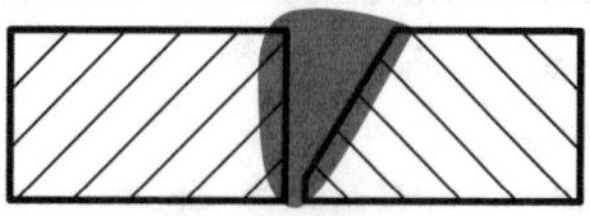	
5	HY-Naht, keine vollständige Durchschweißung	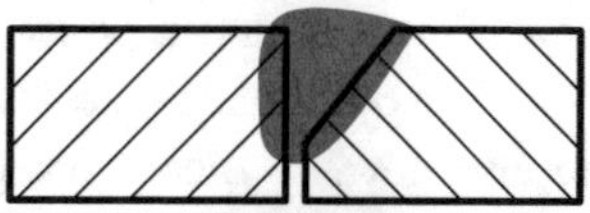	
6	U-Naht, vollständige Durchschweißung, keine Gegenlage	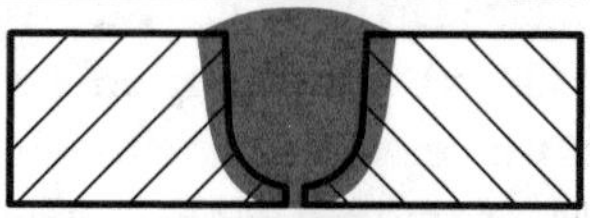	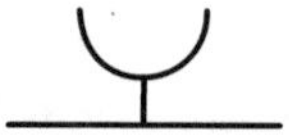
7	HU-Naht, vollständige Durchschweißung, keine Gegenlage	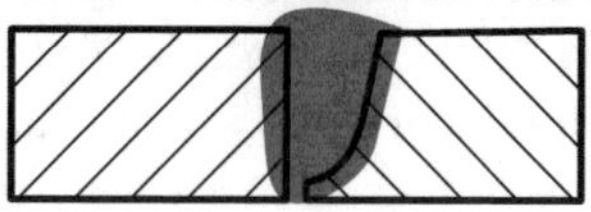	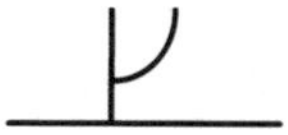

Abb. 2.2 Nahtsymbole in Anlehnung an DIN EN ISO 2553

Abb. 2.3 T-Stoß: Wichtige Abmessungen der Anfasung zur Schweißnahtvorbereitung

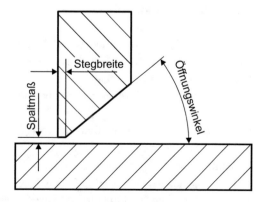

- Unebenheit des unteren Blechs (Wärmeverzug beim thermischen Schneiden),
- Wellige oder schiefe Schnittkante des oberen Blechs,
- Anschlusstoleranzen anderer (hier nicht dargestellter) Bleche mit ihren eigenen Toleranzen, die wiederum zu Zwängungen im letzten gefügten Stoß führen.

Ist das untere Blech zusätzlich noch gerondet, ist die Gefahr von größeren Spalten weiter erhöht. Längere, komplexe Blechabwicklungen (Rondungen oder Abkantungen), die sich auf stirnseitige Schnittkanten legen, sind in der Praxis kaum mehr spaltfrei zu fügen. Hier sollten die Bleche geteilt oder abweichungstolerante Ausläufe vorgesehen werden. Eine weitere sehr gute Möglichkeit ist, dass Abwicklungen in das stirnseitige Blech verlegt werden. Diese wichtigen Details müssen bereits in der Konstruktion berücksichtigt werden. Gerade bei geschweißten Strukturen muss die Konstruktion die Fertigungsrealität immer im Auge behalten. Siehe hierzu auch Kap. 10, „Konstruktive Maßnahmen zur Schwingfestigkeitssteigerung".

Stegbreite Die Stegbreite stellt sicher, dass immer Material an der Stirnseite vorhanden ist. Toleranzen bei der Anfasung könnten sonst zu einem „Durchschneiden" und Verkürzen des Blechs führen. Die Spaltmaße (s. o.) wären nicht mehr einzuhalten. Auch hat man mit der Stegbreite eine gewisse Sicherheit, dass die Schweißnaht nicht durchfällt. Andererseits ist sicherzustellen, dass der Steg vollständig aufgeschmolzen wird, sonst wird keine vollständige Durchschweißung erreicht. In der Praxis haben sich Stegbreiten von 2 mm bewährt, oft werden diese mit einseitigen Toleranzen von $+0$ mm und -2 mm versehen. Auch diese Maße sind mit der Fertigung abzustimmen.

Bei dicken Blechen führt eine einfache Anfasung, siehe Abb. 2.4 oben, zu großen Nahtvolumen. Dies wird durch eine U-Naht (Tulpennaht) vermindert. Die Anfasung ist aber aufwendiger, da nicht mehr durch einen schrägen Schnitt, sondern nur mit einer Fräsung herstellbar.

2.3 Schweißverfahren

Es gibt eine Vielzahl von Schweißverfahren daher sollen hier nicht alle, sondern nur die wichtigsten dargestellt werden. Einen sehr guten Überblick zu den Schweißverfahren findet sich in Fahrenwaldt et al. (2014).

Die wichtigsten Schweißverfahren für tragende Stahlbau-Strukturen sind:

- Lichtbogenschweißen mit Stabelektrode,
- Unterpulverschweißen,
- Wolfram-Inert-Gas-Schweißen (WIG),
- Metall-Schutzgasschweißen (MAG/MIG),
- Strahlschweißen (Elektronen- und Laserstrahlschweißen),

Abb. 2.4 Anfasung am
Stumpfstoß: Einfache Fase für
V-Naht (oben), tulpenförmige
Nahtvorbereitung für U-Naht
(unten)

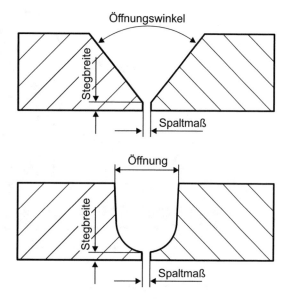

- Reibschweißen,
- Rührreibschweißen,

Die verschiedenen Prozesse werden im Anschluss kurz erläutert. Für Details zu den
Schweißverfahren wird auf Fahrenwaldt et al. (2014) oder Schuler (1992) verwiesen.

2.3.1 Lichtbogenschweißen mit Stabelektrode

Dieses einfache Verfahren war früher stark verbreitet (Nachfolge des Gasschmelz-
schweißens). Meistens werden Stabelektroden eingesetzt, die innen den metallischen
Zusatzwerkstoff und außen die Umhüllung zur Reduktion und Schlackebildung
tragen. Es ist eine Vielzahl von Drahtqualitäten und Umhüllungen erhältlich. Auch
für speziellere Anwendungen (z. B. Reparatur-Schweißung von Grauguss) sind
spezielle Elektroden verfügbar. Aber auch dieses Verfahren wurde selbst in Reparatur-
betrieben und im Baustelleneinsatz fast vollständig vom Metall-Schutzgasschweißen ver-
drängt.

2.3.2 Unterpulverschweißen

Dieses Verfahren eignet sich sehr gut für große Wandstärken und lässt sich recht gut
automatisieren. In der Praxis wird dies z. B. für Rohrschweißungen eingesetzt. Das

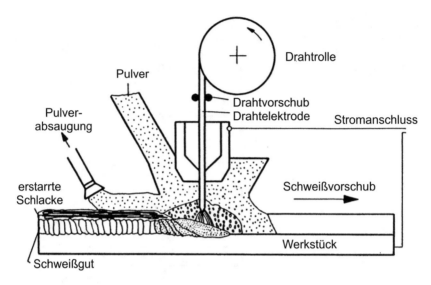

Abb. 2.5 Unterpulverschweißen. (Adaptiert nach Schuler 1992; mit freundlicher Genehmigung von © Friedr. Vieweg & Sohn Verlagsgesellschaft mbH Braunschweig 1992. All Rights Reserved)

Material der Umhüllung der Drahtelektrode wird bei diesem Schweißverfahren in Pulverform zugeführt, siehe Abb. 2.5.

2.3.3 Wolfram-Schutzgasschweißen

Das Wolfram-Schutzgasschweißen wird auch als Wolfram-Inertgasschweißen bezeichnet, daher die Abkürzung WIG. Die Wolframelektrode wird nicht oder kaum aufgebraucht. Der Zusatzwerkstoff wird separat zugeführt, siehe Abb. 2.6.

Abb. 2.6 Wolfram-Schutzgasschweißen WIG. (Adaptiert nach Schuler 1992; mit freundlicher Genehmigung von © Friedr. Vieweg & Sohn Verlagsgesellschaft mbH Braunschweig 1992. All Rights Reserved)

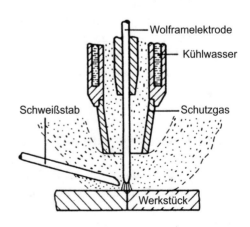

Große Bedeutung hat das WIG-Schweißen heute bei Stahl-Dünnblech, Aluminium sowie bei der Schweißnahtnachbehandlung. Für dickere Bleche im Stahlbereich hat sich das Metall-Schutzgasschweißen durchgesetzt.

2.3.4 Metall-Schutzgasschweißen

Der Grundaufbau ist ähnlich wie bei WIG. Der Zusatzwerkstoff wird allerdings direkt als Elektrode in Form von Draht zugeführt, ähnlich wie bei UP-Schweißen, siehe Abb. 2.7. Der Unterschied zwischen MIG und MAG ist im Gas begründet: MIG-Schweißen ist Metall-Inert-Gas-Schweißen (mit Argon), MAG ist Metall-Aktiv-Gas-Schweißen, meist mit einer Mischung aus Argon und Kohlendioxid, Verkaufsbezeichnung z. B. Corgon®.

2.3.5 Strahlschweißen

Das Strahlschweißen (vor allem mit Laserstrahl) wird immer wichtiger und leistungsfähiger. Es lassen sich mit reinem Laserstrahlschweißen heute schon Bleche von mehreren Zentimetern Dicke im Vollanschluss schweißen – dies war vor einigen Jahren nur mit Hybrid-Verfahren (z. B. Laser-MAG-Hybrid-Schweißen) möglich. Eine große Herausforderung beim Laserstrahlschweißen ist die Spaltüberbrückung: Beim MAG-Schweißen können Spalte im Bereich von einigen Millimetern noch gut überbrückt werden – dies ist beim Laserstrahlschweißen deutlich schwieriger prozesssicher umzusetzen. In Abb. 2.8 sind zwei Mehrlagen-Lasernähte abgebildet. Nach dem Stand der Forschung können heute Spalte bis 2 mm überbrückt werden. In der

Abb. 2.7 Metall-Schutzgasschweißen MIG/MAG. (Adaptiert nach Schuler 1992; mit freundlicher Genehmigung von © Friedr. Vieweg & Sohn Verlagsgesellschaft mbH Braunschweig 1992. All Rights Reserved)

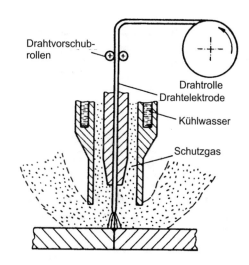

Abb. 2.8 Laser-Mehrlagen-
Naht (kein Hybridverfahren).
(Mit freundlicher
Genehmigung des ©
Fraunhofer Instituts Werkstoff-
und Strahltechnik IWS,
Dresden. All Rights Reserved)

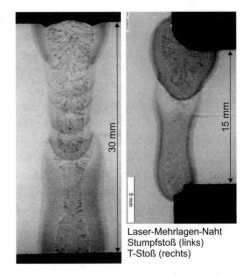

Laser-Mehrlagen-Naht
Stumpfstoß (links)
T-Stoß (rechts)

industriellen Anwendung ist das noch nicht angekommen. Es ist aber absehbar, dass
Laserstrahlschweißen das Metall-Schutzgasschweißen in vielen Bereichen verdrängen
wird.

Beide Nähte in der Abbildung sind ohne Nahtvorbereitung von nur einer Seite
geschweißt.

Das Elektronenstrahlschweißen ist eher aufwändig (Vakuum). Dabei sind Fügespalte
sehr hinderlich. Exakt passende Stöße ohne Spalt können durch den Tiefschweißeffekt
allerdings komplett durchgeschweißt werden, Abb. 2.9.

2.3.6 Reibschweißen

Das Reibschweißen ist eine wichtige Verbindungsart für Drehteile (z. B. Verbindung
eines Zylinderauges mit einer Kolbenstange). Ein Bauteil wird festgehalten, das andere

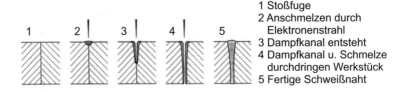

1 Stoßfuge
2 Anschmelzen durch
   Elektronenstrahl
3 Dampfkanal entsteht
4 Dampfkanal u. Schmelze
   durchdringen Werkstück
5 Fertige Schweißnaht

Abb. 2.9 Tiefschweißeffekt beim Elektronenstrahlschweißen. (Adaptiert nach Fahrenwaldt et al.
2014, mit freundlicher Genehmigung von © Springer Fachmedien Wiesbaden 2014. All Rights
Reserved)

Bauteil wird in eine schnelle Drehung versetzt und axial gegen das erste Bauteil gepresst. Die Temperaturerhöhung erfolgt ausschließlich durch die Reibwärme. Ist eine ausreichend hohe Temperatur erreicht, wird die Drehbewegung gestoppt und beide Bauteile stark aufeinandergepresst. Der entstehende Schweißwulst wird nach dem Schweißvorgang meist abgedreht.

Das Reibschweißen zeichnet sich durch eine hohe Festigkeit und geringe Kerbwirkung aus. Die Festigkeit der Schweißverbindung kann dann bis nahe an die des Grundwerkstoffs heranreichen, wenn Fehler (Bindefehler, Risse etc.) sicher ausgeschlossen werden können.

Das Verfahren und dessen Auslegung werden hier nicht weiter betrachtet.

2.3.7 Rührreibschweißen

Das Rührreibschweißen wird aktuell vor allem bei Aluminium und anderen Nichteisenmetallen angewandt. Die zwei Fügepartner müssen auf Stoß fest fixiert sein. Ein rotierendes stiftähnliches Werkzeug wird axial auf die Verbindungsstelle gedrückt. Durch die Reibwärme wird der Werkstoff nur „teigig" und nicht bis zum Liquidus aufgeschmolzen. Das Werkzeug verfährt, weiter rotierend, entlang der Stoßkante und schmilzt und vermischt die Randbereiche der Fügepartner, sodass sie vollständig verschweißt werden. Überstehende Werkstoffreste am Rand der Verbindungsstelle werden meist mechanisch entfernt.

Das Rührreibschweißen ist recht günstig, auch wegen des geringeren Energieeintrags als beim Schmelzschweißen. Daher ergibt sich auch wenig Verzug. Die Nähte selbst weisen eine geringe Kerbwirkung auf und sind daher hinsichtlich der Betriebsfestigkeit als sehr günstig einzustufen.

Das Verfahren und dessen Auslegung werden hier nicht weiter betrachtet.

2.3.8 Punktschweißen

Schweißverfahren für den Dünnblechbau (Fahrzeug-Karosserien). Wird hier nicht tiefer behandelt.

2.4 Einfluss der Schweißposition

Die Definition der Schweißposition erfolgt nach DIN EN ISO 6947. Für die Benennung der wichtigsten Schweißpositionen gibt es eine einfache Merkregel: Die Bezeichnung bezieht sich immer auf den Schweißbrenner (NICHT auf das Werkstück). Man beginnt von oben (PA) und geht in 45°-Schritten nach unten. Bei PB liegt das Werkstück

Benennung	Beschreibung	Darstellung	Zeichen
Wannenposition	Bester Nahtübergang, konkave Naht gut möglich		PA
Werkstück horizontal	Werkstück flach, einfaches Handling, Naht unsymmetrisch		PB
Querposition	Werkstück vertikal, einfaches Handling, Naht unsymmetrisch	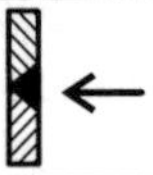	PC
Horizontal-Überkopfposition	Schweißen zusehends schwieriger		PD
Überkopfposition	Schweißen zusehends schwieriger		PE
Steignaht	Position möglichst vermeiden	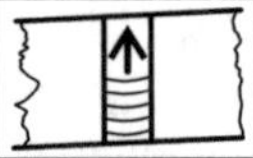	PF
Fallnaht	Position möglichst vermeiden	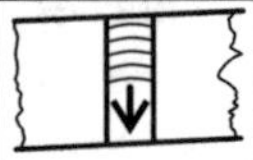	PG

Abb. 2.10 Benennung der Schweißposition nach DIN EN ISO 6947

meistens flach, der Brenner liegt aber unter 45°, usw. Die wichtigsten Schweiß-positionen sind in Abb. 2.10 dargestellt. Das Schweißen in Wannenlage ist grundsätzlich vorteilhaft.

Gerade für die Gestalt der Nahtübergänge und damit für das Ermüdungsverhalten hat die Schweißposition einen großen Einfluss. Dieser wird in der Praxis meist eher unterschätzt, vor allem der Vorteil der Wannenlage. Im Moment des Schweißens ist das Metall flüssig und „rinnt wie Wasser". Damit ergibt sich in Schweißposition PB ein Aus-bauchen der Schweißraupe aufgrund der Gewichtskraft, siehe Abb. 2.11 links (leicht überzeichnet). In der Wannenlage, in der Abbildung rechts, bleibt das Schweißbad in der Wanne gefangen. Durch die Blaswirkung des Plasmas bildet sich meist sogar eine konkave Form, die bezüglich der Kerbwirkung vorteilhaft ist. Sehr ungünstig sind kon-vexe Nahtformen, da es am Übergang von der Schweißraupe zum Blech scharfe Kerben gibt. So ist die Kerbwirkung der PB-Position in Abb. 2.11 links z. B. am Nahtübergang unten viel kritischer als am Nahtübergang oben.

In der Konstruktionsabteilung wird die Schweißposition meist nicht vorgegeben, sie wird in der Arbeitsvorbereitung festgelegt. Quernähte bei z. B. Stirnblechen von längeren Kastenträgern können meist nicht in Wannenlage geschweißt werden – der gesamte Kastenträger müsste im 45°-Winkel aufgestellt werden. Leichter ist dies schon bei den Längsnähten. Hier müsste ein langer Träger nur um 45° in der Längsachse gedreht werden.

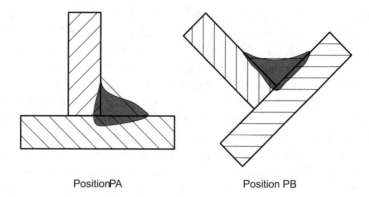

Position PA   Position PB

Abb. 2.11 Einfluss der Schweißposition auf die Gestalt der Schweißraupe. Beispiel (leicht überzeichnet) für eine Kehlnaht mit einer Lage

2.5   Begleitende Fertigungsschritte beim Schweißen

Zu den begleitenden Fertigungsschritten gehören u. a.:

- Heften,
- Richten,
- Spanende Oberflächenbearbeitung,
- Umformende Oberflächenbearbeitung,
- WIG-Nachbehandlung,
- Spannungsarmglühen,
- Formieren.

Diese Fertigungsschritte haben z. T. einen großen Einfluss auf das Ermüdungsverhalten
der Schweißverbindungen. Hauptsächlich dieser Einfluss wird nachfolgend erläutert. Die
Fertigungsschritte an sich werden nur kurz vorgestellt.

2.5.1   Heften

Vor dem eigentlichen Schweißen werden die Bleche und eventuelle Vorbaugruppen
positioniert und geheftet. Dieser Vorgang erfolgt in der Einzelfertigung am Schweißtisch,
in der Serienfertigung in einer Schweißvorrichtung. Eine Schweißvorrichtung erlaubt
meist geringere Spaltmaße, bessere Form- und Lagetoleranzen und geringere Durchlauf-
zeiten. In größeren Serien werden spezifische Schweißvorrichtungen verwendet. Diese
sind dann nur für ein Bauteil (und eventuell für abgeleitete Varianten) geeignet. Einen
Zwischenschritt stellen variable Vorrichtungen dar, die für ein größeres Bauteilspektrum
geeignet sind. Art und Aufbau der Vorrichtung sind meist geprägt von wirtschaftlichen

Entscheidungen. Je aufwändiger und besser die Vorrichtung ist, um so weniger Anforderungen werden an den Schweißer hinsichtlich des Zusammenbaus gestellt.

Oft werden zusätzlich Hilfswerkzeuge wie Spann- und Klemmsysteme eingesetzt. Bei größeren Blechdicken erreichen manuelle oder pneumatische Spannsysteme kaum mehr die nötigen Kräfte. Hier werden dann hydraulische Pressen eingesetzt.

Sind alle Bauteile der Schweißbaugruppe platziert, kann das Heften erfolgen. Zum Heften werden kurze Schweißpunkte gesetzt, der Heftabstand wird meist durch Erfahrung und Versuche in der Arbeitsvorbereitung festgelegt. Bei schwing-beanspruchten Strukturen ist absolut sicherzustellen, dass die Heftpunkte beim späteren Durchschweißen wieder vollständig aufgeschmolzen werden. Ist dies nicht der Fall, können sich ausgehend von diesen Punkten (= Schwachstellen) Risse ausbreiten. Es kann sinnvoll sein, dass in hochbelasteten (kurzen!) Bereichen keine Heftungen vor-genommen werden sollen. Diese Bereiche können wirklich nur sehr kurz sein (sonst sind Spaltmaße nicht sichergestellt) und müssen unbedingt zwischen Konstruktion und Fertigung abgesprochen werden.

In der Vorrichtung erfolgt oft auch das Schweißen von schwer zugänglichen Stellen, Wurzelnähten etc. von Hand, bevor die geheftete Struktur dem weiteren Schweißprozess zugeführt wird.

2.5.2 Richten

Nach dem Schweißen müssen verformte Schweißbaugruppen z. T. wieder gerichtet, also in Form gebracht werden. Dies kann vor allem in der Einzelteilfertigung auftreten, auch wegen fehlender Vorrichtungen. In einem optimierten Serienschweißprozess mit angepassten Parametern, adaptierter Schweißreihenfolge etc. sollte das Richten mög-lichst nicht nötig sein.

Für das Richten gibt es grundsätzlich die Möglichkeit des mechanischen Richtens durch große aufgebrachte Kräfte oder des Flammrichtens.

Das Flammrichten ist die elegantere Methode, erfordert aber mehr Erfahrung. Hierbei werden nur lokale Bereiche mit der Flamme bis ca. Rotglut erhitzt (Temperaturführung für verschiedene Werkstoffe beachten). Anschließend lässt man die Struktur abkühlen. Im Idealfall verformt sie sich dabei um das gewünschte Maß. Eventuell sind Nach-korrekturen oder eine Rücknahme einer zu großen Verformung nötig. Für punktgenaues Richten ist viel Erfahrung nötig. Grundsätzlich gilt folgende, einfache Merkregel:

▶   Die erhitzte Zone wird nach dem Abkühlen kürzer.

Dies begründet sich wie folgt: Der erwärmte Bereich dehnt sich aus. Da die Umgebung nicht erwärmt wird, dehnt diese sich nur elastisch. Der erwärmte Bereich wird hingegen plastisch gestaucht (die Dehngrenze ist durch die erhöhte Temperatur abgesenkt). Beim Abkühlen zieht er sich wieder zusammen und ist dann kürzer als vor der Behandlung. Damit liegen Zugeigenspannungen vor, die entsprechende Verformungen nach sich ziehen. Ein sehr guter Überblick zum Flammrichten ist in Fahrenwaldt et al. (2014) gegeben.

Gezielt und mit Erfahrung angewendet ist das Flammrichten schonend und effektiv. Das mechanische Richten ohne Erwärmung führt zu plastischen Dehnungen oder sogar zu Rissen. Besonders empfindlich bezüglich Risse sind der Nahtübergang und die Schweißnahtwurzel. Ein durch mechanisches Richten eingebrachter Riss kann bei späterer Schwingbeanspruchung im Einsatz weiterwachsen und dann zum Versagen führen.

2.5.3   Spanende Oberflächenbearbeitung

Zu den spanenden Fertigungsverfahren gehören u. a. Bohren, Fräsen, Drehen und Schleifen. Werden Schweißnähte in der Fertigung mechanisch bearbeitet, so geschieht dies sehr oft mittels Schleifen. Je nach Anwendung können aber auch die anderen Fertigungsverfahren zum Einsatz kommen. Ein Beispiel wäre das Abdrehen des Wulstes bei Reibschweißungen. Wenn Strukturen nach dem Schweißen noch gefräst werden (z. B. für Funktionsflächen), können in diesem Zuge auch Schweißnähte überarbeitet werden. Diese Verfahren sollen hier nicht weiter vertieft werden.

Das Schleifen von Schweißnähten hingegen wird in der Fertigung sehr oft angewendet. An jedem Schweißplatz liegen entsprechende Werkzeuge bereit. Sie werden zur Nahtvorbereitung, Ausfugen der Wurzel für die nächsten Lagen sowie zum Trennen von falschen Heftungen u. v. m. verwendet. Damit ist der natürliche Reflex des Schweißers, unschöne Nähte etc. einfach zu überschleifen recht naheliegend. Meist ist das Schleifen nicht unbedingt von Nachteil: Werden geometrische Kerben beseitigt, steigert dies die Ermüdungsfestigkeit deutlich. Auch das Brechen von Werkstückkanten durch Schleifen in Längsrichtung (!) kann die Rissgefahr, die von diesen ausgeht, deutlich mindern.

Wird das Schleifen aber falsch eingesetzt, kann es einen Rissbeginn begünstigen. Typische Fehler beim Schleifen sind:

- Schleifen quer zur Belastungsrichtung
  – potenzieller Rissausgang,
- zu viel Materialabnahme
  – tragender Nettoquerschnitt sinkt,
- tiefe Schleifriefen durch „Abrutschen mit der Scheibe"
  – Erzeugen einer geometrischen Kerbe,

- Aufhärten der Oberfläche durch zu viel eingebrachte Reibleistung (kritisch vor allem bei höherfesten Stählen)
  - Sprödbruchgefahr.

Diese Schleiffehler sollten in der Praxis möglichst vermieden werden.

2.5.4   Umformende Oberflächenbearbeitung

Zur umformenden Oberflächenbehandlung gehören alle Maßnahmen, die mechanisch, ohne primäre Spanabnahme, die Oberfläche im Bereich der Schweißnaht verändern. Es gibt hier mehrere Verfahren:

- Strahlen (evtl. mit leichtem Materialabtrag, hier aber nicht Ziel)
- Hämmern (auch Ultraschallhämmern)
- Nageln
- Rollen.

Die genannten Maßnahmen haben eine deutliche Erhöhung der Schwingfestigkeit zur Folge – natürlich nur im jeweils bearbeiteten Bereich. Es werden vor allem zwei Effekte hervorgerufen:

- Aufbringen von Druckeigenspannungen an der Oberfläche,
- Abrunden von scharfen Kerben.

In der Praxis überlagern sich beide Effekte. Untersuchungen zeigen, dass bei Schweißnähten der zweite Effekt sogar mehr Gewicht haben kann. Druckeigenspannungen können bei Beanspruchung auch wieder abgebaut werden.

Beim Strahlen wird je nach Strahlgut auch Material abgetragen (z. B. in Vorbereitung einer Lackierung). Dieser Abtrag ist aber gering und sollte keinen Einfluss auf tragende Nettoquerschnitte haben (eventuell bei sehr dünnen Blechen kritisch).

2.5.5   WIG-Nachbehandlung

Die WIG-Nachbehandlung ist ein erneutes Aufschmelzen des Nahtübergangs, meist ohne Verwendung von Zusatzwerkstoff. Dieses Verfahren glättet scharfe Übergänge, ist aber recht aufwändig und erfordert erfahrene Werker. Druckeigenspannungen werden nicht aufgebracht – trotzdem ist die Steigerung der Schwingfestigkeit erheblich. Durch das erneute lokale Erwärmen kann es auch zum Abbau von Eigenspannungen kommen. Dies hängt aber stark von der Abkühlgeschwindigkeit und globalen Eigenspannungen ab. Die WIG-Nachbehandlung wirkt hinsichtlich des Eigenspannungsabbaus schwächer und unsicherer als das Spannungsarmglühen (siehe nächster Punkt).

2.5.6 Spannungsarmglühen

Das Spannungsarmglühen ist ein Verfahren, bei dem der Bereich um die Schweißnaht oder das gesamte Bauteil erwärmt und langsam wieder abgekühlt werden. Die höchste angestrebte Temperatur sollte unterhalb des Bereichs einer Gefügeänderung liegen. Bei unlegierten Stählen liegt die Temperatur zwischen 580 und 650 °C. Bei anderen Werkstoffen liegt diese eventuell deutlich niedriger und sollte tunlichst nicht überschritten werden, Hinweise z. B. in Bargel und Schulze (2018). Durch die deutlich geringere Warmdehngrenze werden die Eigenspannungen bis zu dieser durch Fließen abgebaut. Bei Baustählen sind dies nur noch Werte im Bereich von 20 MPa.

Die Temperaturführung ist wichtig: Neben einem nicht zu schnellen Aufheizen muss die Haltezeit berücksichtigt werden. Es muss sichergestellt sein, dass auch dickwandige Bereiche sicher durchgewärmt sind. Anschließend sollte sehr langsam abgekühlt werden, um Temperaturgradienten im Bauteil gering zu halten. Sonst könnten sich wieder Eigenspannungen aufbauen.

Durch den Abbau von Eigenspannungen kann es zu einem Verzug der Bauteile kommen. Beim Glühen von gesamten Bauteilen sollten diese daher im Ofen entsprechend fixiert werden – im Idealfall haben sie nach dem Glühen die gleiche Geometrie wie vorher.

Bei Reparaturschweißungen an großen Strukturen werden z. T. auch Wärmematten o. Ä. eingesetzt. Hierbei wird das Bauteil nur lokal erwärmt, meist an der Reparaturstelle und den angrenzenden Bereichen. Der Effekt ist damit örtlich begrenzt, durch die lokale Behandlung ist aber ein Eigenspannungsaufbau in anderen Bereichen nicht auszuschließen.

2.5.7 Formieren

Beim Schweißen von nichtrostenden Stählen kann es in erhitzten Bereichen, die nicht vom Schutzgasstrom abgedeckt werden (z. B. Nahtwurzel oder Randbereiche der Naht) zu einer unerwünschten Oxidation kommen. Um dies zu verhindern, werden inerte Formiergase (z. B. Argon oder Stickstoff und deren Mischungen) eingesetzt, die die erhitzten Bereiche umspülen. Eine Oxidation wird so vermieden.

Normenverzeichnis

DIN EN ISO 2553:2022-07, Schweißen und verwandte Prozesse – Symbolische Darstellung in Zeichnungen – Schweißverbindungen (ISO 2553:2019)

DIN EN ISO 6947:2020-02, Schweißen und verwandte Prozesse – Schweißpositionen (ISO 6947:2019); Deutsche Fassung EN ISO 6947:2019

DIN 32516:2022-09, Thermisches Schneiden – Thermische Schneidbarkeit metallischer Bauteile – Allgemeine Grundlagen und Begriffe

Literatur

Bargel, H.-J., Schulze, G. (Hrsg.): Werkstoffkunde, 12. Aufl. Springer Vieweg, Wiesbaden (2018)

Fahrenwaldt, H., et al.: Praxiswissen Schweißtechnik – Werkstoffe, Prozesse, Fertigung, 5. Aufl. Springer, Wiesbaden (2014)

GDA – Gesamtverband der Aluminiumindustrie e. V. (Hrsg.): Wärmebehandlung von Aluminiumlegierungen. Merkblatt W7. GDA, Düsseldorf (2007)

Hobbacher, A.F. (Hrsg.): Recommendations for fatigue design of welded joints and components. 2. Aufl. (IIW document IIW-2259-15). Springer, London (2016)

Ostermann, F.: Anwendungstechnologie Aluminium, 3. Aufl. Springer, Berlin (2014)

Schuler, V. (Hrsg.): Schweißtechnisches Konstruieren und Fertigen. Vieweg, Braunschweig (1992)

Qualitätsmanagement von Schweißverbindungen

3

Das Qualitätsmanagement von Schweißverbindungen ist nicht allein Aufgabe von Produktion und Qualitätsabteilung, sondern beginnt schon in der Entwicklung und schließt weitere Unternehmensbereiche mit ein. Es ist nicht nur die Konstruktion, die eine hohe Verantwortung trägt. Auch die Vorgaben vom Markt (z. B. Einsatzszenarien des Produkts, Ziellebensdauern) sowie Rückmeldungen von Kunden (über die Serviceeinheiten) sind von zentraler Bedeutung.

In vielen Industriebetrieben kommen Vorgaben zum Einsatz sowie zur Ziellebensdauer des Produkts immer noch von der Entwicklungsabteilung. Dies ist eigentlich Aufgabe der Marktanalyse bzw. des Produktmanagements (je nach Organisation des Betriebs). Eventuell fehlendes Wissen zu Methoden, Kennzahlen etc. muss in diesen Abteilungen aufgebaut werden.

Auch werden die – immer ärgerlichen und teuren – Rückläufer von Schäden an Kundenprodukten in den Serviceeinheiten abgearbeitet, aber nicht immer an einer zentralen Stelle des Herstellers zusammengeführt und dann strukturiert an die Entwicklungsabteilung zurückgemeldet. Hier gehen oft kostbare Informationen zu den Eigenschaften bisheriger Produkte verloren, anstatt diese gezielt für die Entwicklung der nächsten Produktgeneration zu nutzen.

Es gibt zahlreiche Hersteller, die diese Methoden sehr wohl anwenden. Hier fühlen sich auch **alle** Mitarbeiter für die Qualität „ihres" Produktes verantwortlich und es wird im Schadensfall nicht reflexhaft die Schuld der Konstruktion oder Fertigung zugeschoben. Das Vorgeben und Leben eines firmenübergreifenden Qualitätsmanagements ist Aufgabe der Geschäftsleitung und eine Managementfragestellung. Eine vertiefte allgemeine Beschreibung würde den Rahmen des Buches sprengen. Daher wird nachfolgend nur die Fertigungsqualität von geschweißten Strukturen betrachtet.

Gerade bei Schweißverbindungen hat die Konstruktion großen Einfluss auf die Ausführung. Aspekte sind unter anderem:

© Der/die Autor(en), exklusiv lizenziert an Springer Fachmedien Wiesbaden GmbH, ein Teil von Springer Nature 2023
R. Späth, *Betriebsfeste Konstruktion und Berechnung von Schweißverbindungen*, https://doi.org/10.1007/978-3-658-40789-6_3

- Zugänglichkeit
- Toleranzketten
- Nahtvorbereitung
- Prüfbarkeit.

Zugänglichkeit Der Schweißer muss für ein korrektes Arbeiten die Schweißstelle gut einsehen und erreichen können. Abhängig von der Produktgruppe gibt es hier z. T. Einschränkungen (Rohrleitungen, geschlossene Strukturen etc.). Die Gefahr besteht, dass die Grenzen immer weiter verschoben werden. Als einfache Grundregel sollte gelten: Jeder Schweißer des Betriebs (oder der Fertigungseinheit für diesen Produkttyp) mit entsprechender Zulassung für diese Schweißverbindung muss in der Lage sein, eine Schweißung gemäß den Vorgaben jederzeit unter den üblichen Produktionsbedingungen (Zeitdruck, Platzangebot, Zugänglichkeit) sicher durchzuführen. Für Prototypen und Probeschweißungen werden oft die besten Schweißer eingesetzt. Diesen gelingen auch anspruchsvolle Sonderaufgaben. In der Serienfertigung erfolgt die Schweißung aber von anderen Mitarbeitern. Eine prozesssichere Serienfertigung ist durch die Arbeitsvorbereitung frühzeitig zu gewährleisten. Änderungen kurz vor Serienstart, weil eine Schweißnaht nicht sicher in der Serie ausgeführt werden kann, sind teuer und gefährlich. Eventuell müssen Vorrichtungen geändert werden, außerdem ist die in der Entwicklung durchgeführte Absicherung hinsichtlich Festigkeit (Rechnungen und Versuche) hinfällig.

Toleranzketten In der Serienfertigung können sich durch ungünstige Addition von Toleranzen Abweichungen ergeben, die bei der Konstruktion und bei der Prototypenfertigung nicht erkannt wurden. Wird eine geschweißte Struktur aus mehreren geraden Blechen zusammengesetzt, können sich bereits Längenabweichungen so ungünstig addieren, dass das letzte eingesetzte Blech deutlich zu lang oder zu kurz ist. Zu lange Bleche lassen sich meist nachbearbeiten, zu kurze Bleche können nicht verwendet werden. In der Praxis besteht die Gefahr, dass bei Zeitdruck in der Fertigung das zu kurze Blech doch verwendet wird und der zu große Spalt per Schweißung „irgendwie" überbrückt wird. Der typische Reflex der Konstruktionsabteilung ist in solchen Fällen, die Toleranzen weiter einzuengen. Dies ist meist mit deutlich höheren Kosten in der Fertigung verbunden. Besser ist eine abweichungstolerante Konstruktion, bei der im oben genannten Beispiel ein Blech nicht mit beidseitigem Stumpfstoß angeschlossen wird, sondern auf einer Seite mit einem „überlappenden" T-Stoß. Die Überlappung kann sogar Toleranzen im Zentimeter-Bereich ausgleichen. Mehr dazu im Kap. 10 „Konstruktive Maßnahmen zur Schwingfestigkeitssteigerung".

Nahtvorbereitung Mit der Zeichnungsvorgabe einer Nahtvorbereitung möchte der Konstrukteur meist nur sicherstellen, dass eine Naht z. B. einseitig durchgeschweißt wird. Diese Vorgabe resultiert aus einer Festigkeitsbetrachtung. Mit welchem Winkel, Spaltmaß oder welcher Form (symmetrisch, nur eine Seite etc.) die Nahtvorbereitung erfolgt, ist weniger für den Konstrukteur als für die Fertigung wichtig. Leider werden auf Zeichnungen z. T. nur „Standardvorbereitungen" vorgegeben, die für die Fertigung realisierbar, aber nicht ideal sind. Ohne intensive Kommunikation (in beide Richtungen!) kann es hier zu nicht optimalen Lösungen kommen. Vorstellbar ist ebenfalls, dass von der Konstruktion nur festigkeitsrelevante Vorgaben, wie z. B. „einseitige Durchschweißung, ohne Gegenlage" spezifiziert werden. Die Detailgestaltung der Nahtvorbereitung erfolgt durch die Arbeitsvorbereitung.

Prüfbarkeit Wenn besondere Anforderungen an Schweißnähte gestellt werden, z. B. eine zerstörungsfreie Prüfung (zfP), muss diese Prüfung auch durchgeführt werden können. Die Gefahr, dass durch die Konstruktion pauschal höher belastete Nähte einfach mit zfP gekennzeichnet werden, ist durchaus vorhanden. Auch hier ist eine intensive Kommunikation zwischen der Konstruktion und dem Qualitätsmanagement unabdingbar.

Die genannten Beispiele sollen zeigen, dass die nachfolgenden Qualitätskriterien der Vorschriften und Normen wichtig sind, aber alleine nicht genügen, um günstige und sichere geschweißte Strukturen zu entwickeln und zu produzieren.

3.1 Anforderungen an Betriebe und Schweißaufsichtspersonen

Aufgrund der Vielzahl an Produktgruppen und Branchen, in denen Schweißverbindungen angewendet werden, gibt es auch eine Vielzahl von Normen, Regelungen und Vorschriften, die für den jeweiligen Fall einzuhalten sind. Als Beispiele für Produktgruppen seien Bauwerke, Druckbehälter oder Bahnanwendungen genannt.

Eine umfassende Behandlung dieser Thematik ist nicht Ziel dieses Buches. Trotzdem soll ein allgemeiner, kurzer Überblick zu einigen Randbedingungen der Qualitätssicherung gegeben werden. Für die Aus- und Fortbildung der Schweißer sind Verbände wie der Verband für Schweißen und verwandte Verfahren e. V. (DVS) mit den örtlichen Schweißtechnischen Lehr- und Versuchsanstalten (SLV) sehr gute Ansprechpartner.

Die übergeordnete Normengruppe der ISO 9000ff. beschreibt allgemein Aufbau und Anforderungen an Qualitätsmanagementsysteme. Für Schmelzschweißverbindungen werden Anforderungen durch die Norm DIN EN ISO 3834 Teil 1 bis 5 detailliert.

Bezüglich der Schweißaufsicht gibt die DIN EN ISO 14731 Informationen zu Aufgaben und Verantwortung. In Betrieben sind klare Verantwortlichkeiten und Zuständigkeiten festzulegen und zu dokumentieren. Nach DVS-IIW 1170 kommen verschiedene Mindestausbildungen und Qualifizierungen zum Zuge (steigende Anforderung, siehe auch DVS 0711, mit jeweils englischer Bezeichnung):

- Internationaler Schweißpraktiker (SP), International Welding Practitioner (IWP)
- Internationaler Schweißfachmann (SFM), International Welding Specialist (IWS)
- Internationaler Schweißtechniker (ST), International Welding Technologist (IWT)
- Internationaler Schweißfachingenieur (SFI), International Welding Engineer (IWE)

Details hierzu würden den Rahmen des Buches sprengen.

Darüber hinaus ist noch in den geregelten und den ungeregelten Bereich zu unterscheiden. Je nach Produktgruppe kann diese in den einen oder anderen Bereich fallen. Zu den geregelten Bereichen gehört z. B. Stahlbau, Druckbehälter oder ähnliches. Für diese Bereiche sind viele Abläufe und Qualitätsanforderungen fest vorgegeben, z. B. die Ausführungsklassen (EXC) nach DIN EN 1993 für den Stahlbau. Dort wird auf weitere Mindestanforderungen und Auslegungsverfahren verwiesen.

Aber auch im ungeregelten Bereich gibt es gesetzliche Vorschriften, die strikt zu beachten sind. So z. B. im Maschinenbau die sogenannte Maschinenrichtlinie (Richtlinie 2006/42/EG). Diese ist Gesetz, wenn im europäischen Wirtschaftsraum Maschinen erstmalig auf den Markt gebracht werden. Aufgrund der Vielzahl behandelter Maschinen, werden hier eher allgemeine Vorgaben festgelegt. Für eine Konkretisierung der Anforderungen arbeitet die Maschinenrichtlinie mit sogenannten harmonisierten Normen. Diese Normen haben einen besonderen Status und werden auch in den Richtlinien zitiert. Es sind Normen, die bei Beachtung den Rückschluss zulassen, dass die Richtlinie erfüllt wird. Dies erlaubt eine rechtssichere Beschreibung mittels eines allgemeingültigen Gesetzestextes (z. B. Maschinenrichtlinie) und produktspezifischer harmonisierter Normen. Ein Beispiel für eine harmonisierte Norm aus dem Bereich Erdbaumaschinen ist die DIN EN 474-1.

Andere Beispiele für Richtlinien des Europäischen Wirtschaftsraums sind die Richtlinien 2010/35/EU (ortsbewegliche Druckgeräte) oder 2014/68/EU (Druckgeräterichtlinie).

3.2 Prüfung von Schweißverbindungen

Es kann grundsätzlich in zerstörende und zerstörungsfreie Prüfung (ZfP) unterschieden werden. In der Serienfertigung wird meist der zerstörungsfreien Prüfung der Vorzug gegeben, aber die zerstörende Prüfung an Stichproben ist trotzdem möglich.

Eine sehr gute Systematik und Übersicht zur Schadensanalyse findet sich in VDI 3822. Im separaten Blatt 1.5 der Norm werden spezifisch Schäden an geschweißten Metallprodukten behandelt. Es sind hier auch zahlreiche bebilderte Beispiele zu finden.

3.2.1 Zerstörungsfreie Prüfverfahren

Die übergreifende Norm zur zerstörungsfreien Prüfung von Schweißverbindungen für Metalle ist die DIN EN ISO 17635. Diese nennt folgende Verfahren (etwa in der Reihenfolge des steigenden Aufwands, mit der englischen Bezeichnung und Abkürzung nach Norm)

- Sichtprüfung (engl. Visual Testing, VT),
- Eindringprüfung (engl. Penetrant Testing, PT),
- Magnetpulverprüfung (engl. Magnetic Particle Testing, MT),
- Ultraschallprüfung (engl. Ultrasonic Testing, UT),
- Wirbelstromprüfung (engl. Eddy Current Testing, ET)
- Durchstrahlungsprüfung (engl. Radiographic Testing, RT).

Welche Prüfung für den jeweiligen Fall anzusetzen ist, wird durch Normen, den Hersteller oder Kunden vorgegeben. Die Prüfung selbst muss schriftlich dokumentiert werden. In der DIN EN ISO 17635 gibt es weiterhin noch Hinweise zur Eignung verschiedener Verfahren abhängig vom Werkstoff und der Art der Verbindung. Auch gibt sie einen guten Überblick zum Normenkontext, d. h. Verweise auf die Normen der verschiedenen Prüfverfahren. Dies wird hier bewusst ausgeklammert. Die Qualifikation des Prüfpersonals ist in der DIN EN ISO 9712 festgelegt.

Die Prüfung einer Schweißnaht benötigt aber als Basis immer auch zulässige Grenzen für Abweichungen etc. Die geometrischen Unregelmäßigkeiten werden in der DIN EN ISO 6520 eingeteilt (Teil 1 für Schmelzschweißen, Teil 2 für Pressschweißen) und mit Referenz-Nummern versehen. Abweichungsgrenzen werden in dieser Norm nicht festgelegt. Dies erfolgt durch weitere Normen mit Bewertungsgruppen B, C und D (B: höchste Anforderung, D: niedrigste Anforderung). Für Schmelzschweißverbindungen (ohne Strahlschweißen) sind dies:

- DIN EN ISO 5817 (Stahl, Nickel, Titan),
- DIN EN ISO 10042 (Aluminium).

Für Strahlschweißverbindungen sind dies:

- DIN EN ISO 13919-1 (Stahl, Nickel, Titan),
- DIN EN ISO 13919-2 (Aluminium, Magnesium).

Die genannten Normen beinhalten Tabellen mit zulässigen Abweichungen für die drei Bewertungsgruppen B, C und D. Für jeden Tabelleneintrag gibt es auch einen Hinweis auf die Referenznummer der DIN EN ISO 6520.

Zu den Abweichungen gehören z. B. Risse, Poren, Bindefehler, Einbrandkerben sowie Maximalkriterien wie z. B. Nahtdickenabweichungen oder Kantenversatz.

Generell sind die Bewertungsgruppen für die Schwingfestigkeit von Schweißverbindungen außerordentlich wichtig. Für tragende Strukturen wird daher oft pauschal die Bewertungsgruppe B gefordert, z. B. auch in den Auslegungsvorgaben des IIW (Hobbacher 2016). Es zeigt sich aber, dass die Anforderungen der Bewertungsgruppen eine eher allgemeine Einordnung der Schweißnahtqualität zum Ziel haben. Für den

Aspekt der Schwingfestigkeit könnten einige Vorgaben strenger sein, andere Vorgaben sind mehr hinsichtlich einer ordentlichen Ausführung („good workmanship") wichtig, aber weniger relevant für die Schwingfestigkeit. So wurden in den vergangenen Jahren von Herstellern, aber auch von der Normenseite zusätzliche Anforderungen hinsichtlich der Schwingfestigkeit formuliert: Z. B. wurden die Vorgaben von Jonsson et al. (2011) bei einem Hersteller von Erdbaumaschinen umgesetzt. Aber auch die Normung hat reagiert: In der DIN EN ISO 5817 finden sich nunmehr auch Qualitätsanforderungen, die spezifisch für eine Ermüdungsbelastung sind. Diese sind in einem informativen Anhang C dargestellt: C63, B90 sowie B125. Hierfür werden zusätzliche Anforderungen z. B. hinsichtlich Nahtübergang, Kantenversatz aber auch Poren gestellt. In einer älteren Version der Stahlbaunorm DIN EN 1090 wurde kurzzeitig eine Bewertungsgruppe B+ eingeführt, in der aktuellen Version wurde das Vorgehen der DIN EN ISO 5817 übernommen. Die B+ findet sich hier nicht mehr.

Für Hersteller von schwingbelasteten Schweißverbindungen kann es sehr sinnvoll sein, auch eigene, strengere Anforderungen festzulegen. Damit können betriebsfeste Konstruktionen prozesssicherer ausgelegt und gefertigt werden.

3.2.2 Zerstörende Prüfverfahren

Die zerstörenden Prüfverfahren sind meist ungleich aufwändiger als die zerstörungsfreien, vor allem da das Bauteil nicht mehr weiterverwendet werden kann. Details zu den verschiedenen Werkstoffuntersuchungen finden sich in Bargel und Schulze (2018).

Zugversuch Der Zugversuch für Metalle nach DIN EN ISO 6892 ist geeignet, um das Werkstoffverhalten (Zugfestigkeit, Bruchdehnung, Technische Elastizitätsgrenze) im Detail zu prüfen. Ein statischer Zugversuch an einer Schweißprobe ist ebenfalls möglich, da hier aber unterschiedlichste Werkstoffzustände in einer Probe vorliegen, sind die oben genannten Kennwerte nur unzureichend oder indirekt zu ermitteln. Die DIN EN ISO 4136 gibt ergänzende Hinweise für den Querzugversuch an Schweißverbindungen. Das Ermüdungsverhalten von Schweißverbindungen lässt sich anhand eines Zugversuchs nicht ermitteln.

Schwingversuch Beim Schwingversuch von Schweißverbindungen werden Fehler, z. B. Bindefehler, meist sehr schnell detektiert. Hier kommt es zu einer lokalen Spannungserhöhung, die rasch einen Riss entstehen und wachsen lässt. Um den Einfluss von z. B. Schweißparametern auf das Ermüdungsverhalten zu testen, sind daher Schwingversuche das beste Mittel. Zum Einfluss von Kerben auf die Festigkeit siehe auch Kap. 5 „Grundlagen der Betriebsfestigkeit".

Abb. 3.1 zeigt das Ergebnis eines statischen Zugversuchs an einer Kreuzprobe (15 mm Wandstärke, K-Naht, voll durchgeschweißt).

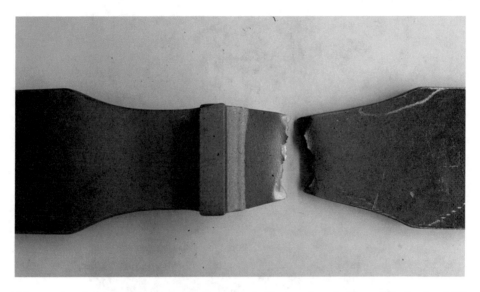

Abb. 3.1 Bruchverhalten im statischen Zugversuch: Kreuzprobe mit 15 mm Wandstärke, S355, K-Naht, voll durchgeschweißt: Versagen im Grundmaterial

Abb. 3.2. zeigt die zwei wesentlichen Versagensarten im Schwingversuch (Probe wie in Abb. 3.1): Wurzelriss (oben) und Riss am Nahtübergang (unten). Ein Versagen im Grundmaterial beim Schwingversuch von Schweißverbindungen ist selten.

Bei sanften Nahtübergängen und bereits kleinen Fehlern an der Wurzel kann es zum Wurzelriss kommen, obwohl voll durchgeschweißt wurde. Die Wurzel einer Schweißnaht ist immer kritisch zu bewerten, da hier hinsichtlich der Ermüdung besondere Randbedingungen vorliegen:

- Die Qualität der Wurzel (ist diese wirklich über die **gesamte** Schweißnahtlänge voll durchgeschweißt?) ist schwierig zu prüfen, da von außen nicht zugänglich (nur per Ultraschall oder Durchstrahlungsverfahren). Dies ist besonders bei großen bzw. schwankenden Spaltbreiten kritisch: Von außen sieht man eine „schöne" Schweißnaht. Dass der Schweißer an der Wurzel ein größeres Spaltmaß überbrücken musste, ist dann nicht mehr erkennbar.
- Da sich der Riss von innen heraus bildet, ist er erst von außen zu sehen, wenn er die gesamte Schweißnaht durchdrungen hat. Die Tragfähigkeit einer Struktur kann dann schon vorher deutlich beeinträchtigt sein.
- Jegliche Maßnahme zur Steigerung der Schwingfestigkeit am Nahtübergang (Schleifen, Hämmern, Strahlen etc.) hat keinen oder sogar einen negativen Einfluss auf die Festigkeit der Wurzel. Es ist immer wieder zu bemerken, dass dieser Aspekt in der Praxis ausgeblendet („Wunsch ist Vater des Gedankens") oder vergessen wird.

Abb. 3.2 Rissverhalten im Schwingversuch (Kreuzprobe wie in Abb. 3.1) Wurzelriss (oben), Riss am Nahtübergang (unten)

In einem Schwingversuch werden solche Innenfehler (vor allem flächenförmige, senkrecht zur Beanspruchungsrichtung) gut detektiert. Daher ist der Ermüdungsversuch die beste Methode, um Schweißverbindungen oder ganze Strukturen hinsichtlich des Betriebsfestigkeitsverhaltens zu prüfen. Weitere Informationen hierzu im Kap. 8 „Ermüdungstest von Schweißproben" und Kap. 9 „Validierungstest von geschweißten Strukturen".

Risse am Nahtübergang (Abb. 3.2 unten) werden stark durch die vorliegende geometrische Kerbe geprägt. Auch Eigenspannungen beeinflussen die Rissneigung: Zugeigenspannungen erhöhen das Rissrisiko, Druckeigenspannungen senken es.

Härteprüfung Die Härteprüfung gehört zu den zerstörenden Verfahren, obgleich die Härteeindrücke relativ klein sind und das Material kaum schwächen. In der Praxis von Schweißkonstruktionen können daher meist Härteprüfungen auch an später eingesetzten Strukturen vorgenommen werden. Meist ist eher die Zugänglichkeit für die Härteprüfung kritischer als der Einfluss der bleibenden Prüfeindrücke.

Für die Bestimmung der Aufhärtung beim Schweißen kann an einem Schliff der Härteverlauf bestimmt werden. Dies geht auch bei dünneren Nähten mittels einer Mikrohärteprüfung, siehe Beispiel in Abb. 3.3: Laserstumpfnaht an 6-mm-Blech, S. 355. Mikrohärteeindrücke nach Vickers in drei Reihen, Werte für obere Reihe im Diagramm darunter. Es zeigt sich ein typischer Härteverlauf beim Schweißen von Baustahl: Der weiche Grundwerkstoff (Werte links und rechts) erfährt durch den Temperaturverlauf beim Schweißen eine Aufhärtung in der Wärmeeinflusszone (WEZ), zunehmend Richtung Schweißnahtmitte. Die Maximalhärte liegt in der Schweißnaht selbst. Für andere Werkstoffe können sich auch andere Verläufe ergeben: z. B. Härteabfall bei manchen Aluminiumlegierungen oder Aufhärtungen bei Stählen mit höherem Kohlenstoffgehalt.

Die Härteprüfung ist darüber hinaus eine schnelle Methode, um die Zugfestigkeit von Stählen einfach über eine Umrechnungstabelle nach DIN EN ISO 18265 abzuschätzen. Die Genauigkeit ist im Vergleich zum Zugversuch eingeschränkt, für die praktische Anwendung an Schweißungen ist sie aber meist ausreichend.

Am Beispiel aus Abb. 3.3 ergeben sich aus der Norm folgende Werte:

- HV 180 (Grundwerkstoff) entspricht einer Zugfestigkeit von 575 MPa,
- HV 320 (Maximalwert in der Schweißnaht) 1030 MPa.

Damit ist auch deutlich erkennbar, dass die Schweißnaht selbst eine wesentlich höhere statische Festigkeit aufweist, als der Grundwerkstoff. Dies ist, vor allem im Hinblick auf die Schwingfestigkeit, nicht unbedingt ein Vorteil, siehe auch Kerbeinfluss in Kap. 5.

Kerbschlagbiegeversuch Der Kerbschlagbiegeversuch ist wichtig zur Beurteilung des Sprödbruchverhaltens. Er ist genormt in der Reihe DIN EN ISO 148 Teil 1 bis 3. Für Schweißverbindungen gibt es eine ergänzende Norm zu diesem Versuch: DIN EN ISO 9016. Zentraler Punkt beim Kerbschlagbiegeversuch ist die Prüftemperatur. Bei tieferen Temperaturen kommt es zu einem Steilabfall der Kerbschlagarbeit. In der Tieflage kommt es zu kritischen Sprödbrüchen, in der Hochlage zu Verformungsbrüchen. Da Sprödbrüche zu vermeiden sind, sind die Einsatztemperaturen von Strukturen möglichst oberhalb des Steilabfalls anzusetzen.

Schliffe Schliffbilder zeigen sehr gut den Aufbau einer Schweißnaht, an den Schliffen lassen sich auch recht genau wirkliche Abmessungen ermitteln. Der große Nachteil von Schliffen ist aber, dass Informationen nur für einen Schnitt vorliegen, schon wenige Millimeter vor oder hinter der betrachteten Ebene können ganz andere Verhältnisse vor-

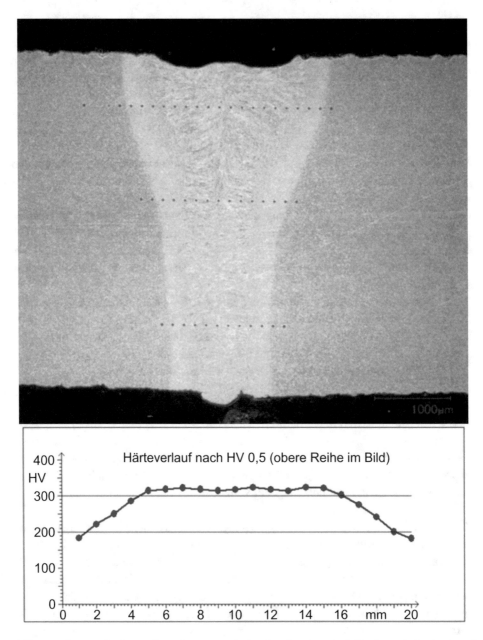

Abb. 3.3 Härteverlauf an einer Laserstumpfnaht (t=6 mm) mit Mikrohärteeindrücken und Werten für die obere Reihe im Diagramm

liegen. Mit Schliffen lassen sich also nur Stichproben einer Naht erfassen, je konstanter die Schweißparameter eingehalten werden können (z. B. bei Roboterschweißung), umso aussagekräftiger sind die Schliffe.

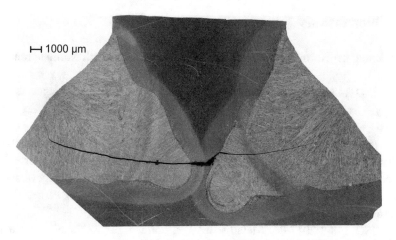

⊢⊣ 1000 µm

Abb. 3.4 Schliffbild einer K-Naht am Kreuzstoß (nur obere Naht dargestellt). S355, MAG-Verfahren, Blechstärke 15 mm. Rissausgang an nicht durchgeschweißter Wurzel. Typisches Erstarrungsgefüge in der Schweißnaht und Wärmeeinflusszonen der Lagen sind gut erkennbar

Schliffbilder gleicher Proben sind in den folgenden Abbildungen dargestellt: Wurzel-riss in Abb. 3.4. Start in der nicht durchgeschweißten Wurzel (Schwingbelastung in vertikaler Richtung).

In der nachfolgenden Abb. 3.5 ist das Schliffbild eines Risses am Nahtübergang dargestellt, ebenfalls Schwingbelastung in vertikaler Richtung.

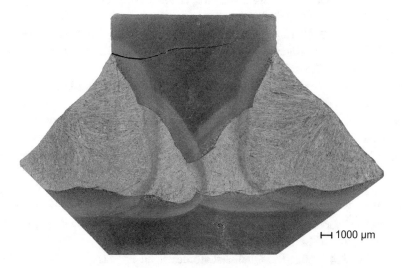

⊢⊣ 1000 µm

Abb. 3.5 Schliffbild einer K-Naht am Kreuzstoß (nur obere Naht dargestellt). S355, MAG-Verfahren, Blechstärke 15 mm. Wurzel voll durchgeschweißt. Rissausgang am Nahtübergang. Typisches Erstarrungsgefüge in der Schweißnaht und Wärmeeinflusszonen der Lagen sind gut erkennbar

Normenverzeichnis

Die Sortierung der Normen erfolgt strikt nach Nummer, nicht nach Normengremium.

DIN EN ISO 148-1:2017-05, Metallische Werkstoffe – Kerbschlagbiegeversuch nach
    Charpy – Teil 1: Prüfverfahren (ISO 148-1:2016); Deutsche Fassung EN ISO 148-
    1:2016

DIN EN ISO 148-1 Beiblatt 1:2014-02, Metallische Werkstoffe – Kerbschlagbiegever-
    such nach Charpy – Teil 1: Prüfverfahren; Beiblatt 1: Sonderprobenformen

DIN EN ISO 148-2:2017-05, Metallische Werkstoffe – Kerbschlagbiegeversuch nach
    Charpy – Teil 2: Überprüfung der Prüfmaschinen (Pendelschlagwerke) (ISO 148-
    2:2016); Deutsche Fassung EN ISO 148-2:2016

DIN EN ISO 148-3:2017-04, Metallische Werkstoffe – Kerbschlagbiegeversuch nach
    Charpy – Teil 3: Vorbereitung und Charakterisierung von Charpy-V-Referenzproben
    für die indirekte Überprüfung der Prüfmaschinen (Pendelschlagwerke) (ISO 148-
    3:2016); Deutsche Fassung EN ISO 148-3:2016

DIN EN 474-1:2020-03, Erdbaumaschinen – Sicherheit – Teil 1: Allgemeine
    Anforderungen; Deutsche Fassung EN 474-1:2006+A6:2019

DVS 0711:2016-08, Aufgaben, Verantwortung und Zuständigkeit des Schweißauf-
    sichtspersonals nach DIN EN ISO 14731

DIN EN 1090-2:2018-09, Ausführung von Stahltragwerken und Aluminiumtragwerken –
    Teil 2: Technische Regeln für die Ausführung von Stahltragwerken; Deutsche Fassung
    EN 1090-2:2018

DVS-IIW 1170: 2008-10, Schweißaufsichtspersonen – Mindestanforderungen an die
    Ausbildung, Prüfung und Qualifizierung

DIN EN 1993-1-1:2010-12, Eurocode 3: Bemessung und Konstruktion von Stahl-
    bauten – Teil 1-1: Allgemeine Bemessungsregeln und Regeln für den Hochbau;
    Deutsche Fassung EN 1993-1-1:2005 + AC:2009

VDI 3822:2020-08 – Entwurf, Schadensanalyse – Grundlagen und Durchführung einer
    Schadensanalyse

VDI 3822 Blatt 1.5:2021-02, Schadensanalyse – Schäden an geschweißten Metall-
    produkten

DIN EN ISO 3834-1:2022-01, Qualitätsanforderungen für das Schmelzschweißen von
    metallischen Werkstoffen – Teil 1: Kriterien für die Auswahl der geeigneten Stufe der
    Qualitätsanforderungen (ISO 3834-1:2021); Deutsche Fassung EN ISO 3834-1:2021

DIN EN ISO 3834-2:2021-08, Qualitätsanforderungen für das Schmelzschweißen von
    metallischen Werkstoffen – Teil 2: Umfassende Qualitätsanforderungen (ISO 3834-
    2:2021); Deutsche Fassung EN ISO 3834-2:2021

DIN EN ISO 3834-3:2021-08, Qualitätsanforderungen für das Schmelzschweißen von
    metallischen Werkstoffen – Teil 3: Standard-Qualitätsanforderungen (ISO 3834-
    3:2021); Deutsche Fassung EN ISO 3834-3:2021

DIN EN ISO 3834-4:2021-08, Qualitätsanforderungen für das Schmelzschweißen von metallischen Werkstoffen – Teil 4: Elementare Qualitätsanforderungen (ISO 3834-4:2021); Deutsche Fassung EN ISO 3834-4:2021

DIN EN ISO 3834-5:2022-01, Qualitätsanforderungen für das Schmelzschweißen von metallischen Werkstoffen – Teil 5: Dokumente, deren Anforderungen erfüllt werden müssen, um die Übereinstimmung mit den Qualitätsanforderungen nach ISO 3834-2, ISO 3834-3 oder ISO 3834-4 nachzuweisen (ISO 3834-5:2021); Deutsche Fassung EN ISO 3834-5:2021

DIN EN ISO 4136:2022-09, Zerstörende Prüfung von Schweißverbindungen an metallischen Werkstoffen – Querzugversuch (ISO 4136:2022); Deutsche Fassung EN ISO 4136:2022

DIN EN ISO 5817:2014-06, Schweißen – Schmelzschweißverbindungen an Stahl, Nickel, Titan und deren Legierungen (ohne Strahlschweißen) – Bewertungsgruppen von Unregelmäßigkeiten (ISO 5817:2014); Deutsche Fassung EN ISO 5817:2014

DIN EN ISO 6520-1:2007-11, Schweißen und verwandte Prozesse – Einteilung von geometrischen Unregelmäßigkeiten an metallischen Werkstoffen – Teil 1: Schmelzschweißen (ISO 6520-1:2007); Dreisprachige Fassung EN ISO 6520-1:2007

DIN EN ISO 6520-2:2013-12, Schweißen und verwandte Prozesse – Einteilung von geometrischen Unregelmäßigkeiten an metallischen Werkstoffen – Teil 2: Pressschweißungen (ISO 6520-2:2013); Dreisprachige Fassung EN ISO 6520-2:2013

DIN EN ISO 6892-1:2020-06, Metallische Werkstoffe – Zugversuch – Teil 1: Prüfverfahren bei Raumtemperatur (ISO 6892-1:2019); Deutsche Fassung EN ISO 6892-1:2019

DIN EN ISO 6892-2:2018-09, Metallische Werkstoffe – Zugversuch – Teil 2: Prüfverfahren bei erhöhter Temperatur (ISO 6892-2:2018); Deutsche Fassung EN ISO 6892-2:2018

DIN EN ISO 6892-3:2015-07, Metallische Werkstoffe – Zugversuch – Teil 3: Prüfverfahren bei tiefen Temperaturen (ISO 6892-3:2015); Deutsche Fassung EN ISO 6892-3:2015

DIN EN ISO 9000:2015-11, Qualitätsmanagementsysteme – Grundlagen und Begriffe (ISO 9000:2015); Deutsche und Englische Fassung EN ISO 9000:2015

DIN EN ISO 9001:2015-11, Qualitätsmanagementsysteme – Anforderungen (ISO 9001:2015); Deutsche und Englische Fassung EN ISO 9001:2015

DIN ISO/TS 9002:2020-08, Qualitätsmanagementsysteme – Leitfaden für die Anwendung von ISO 9001:2015 (ISO/TS 9002:2016)

DIN EN ISO 9016:2022-07, Zerstörende Prüfung von Schweißverbindungen an metallischen Werkstoffen – Kerbschlagbiegeversuch – Probenlage, Kerbrichtung und Beurteilung (ISO 9016:2022); Deutsche Fassung EN ISO 9016:2022

DIN EN ISO 9712:2022-09, Zerstörungsfreie Prüfung – Qualifizierung und Zertifizierung von Personal der zerstörungsfreien Prüfung (ISO 9712:2021); Deutsche Fassung EN ISO 9712:2022

DIN EN ISO 10042:2019-01; Schweißen – Lichtbogenschweißverbindungen an Aluminium und seinen Legierungen – Bewertungsgruppen von Unregelmäßigkeiten (ISO 10042:2018); Deutsche Fassung EN ISO 10042:2018

DIN EN ISO 13919-1:2020-03, Elektronen- und Laserstrahl-Schweißverbindungen – Anforderungen und Empfehlungen für Bewertungsgruppen für Unregelmäßigkeiten – Teil 1: Stahl, Nickel, Titan und deren Legierungen (ISO 13919-1:2019); Deutsche Fassung EN ISO 13919-1:2019

DIN EN ISO 13919-2:2021-06, Elektronen- und Laserstrahl-Schweißverbindungen – Anforderungen und Empfehlungen für Bewertungsgruppen für Unregelmäßigkeiten – Teil 2: Aluminium, Magnesium und ihre Legierungen und reines Kupfer (ISO 13919-2:2021); Deutsche Fassung EN ISO 13919-2:2021

DIN EN ISO 14731:2019-07, Schweißaufsicht – Aufgaben und Verantwortung (ISO 14731:2019); Deutsche Fassung EN ISO 14731:2019

DIN EN ISO 17635:2017-04, Zerstörungsfreie Prüfung von Schweißverbindungen – Allgemeine Regeln für metallische Werkstoffe (ISO 17635:2016); Deutsche Fassung EN ISO 17635:2016

DIN EN ISO 18265:2014-02, Metallische Werkstoffe – Umwertung von Härtewerten (ISO 18265:2013); Deutsche Fassung EN ISO 18265:2013

DIN ISO/TR 25901-1:2022-03, Schweißen und verwandte Verfahren – Terminologie – Teil 1: Allgemeine Begriffe (ISO/TR 25901-1:2016); Dreisprachige Fassung

Literatur

Bargel, H.-J., Schulze, G. (Hrsg.): Werkstoffkunde, 12. Aufl. Springer Vieweg, Wiesbaden (2018)

Hobbacher, A.F. (Hrsg.): Recommendations for fatigue design of welded joints and components, 2. Aufl. (IIW document IIW-2259-15). Springer, London (2016)

Jonsson, B., Samuelsson, J., Marquis, G.B.: Development of weld quality criteria based on fatigue performance. Weld. World **55**(12), 79–88 (2011)

Richtlinie 2006/42/EG des Europäischen Parlaments und des Rates vom 17. Mai 2006 über Maschinen und zur Änderung der Richtlinie 95/16/EG (Maschinenrichtlinie). http://data.europa.eu/eli/dir/2006/42/oj

Richtlinie 2010/35/EU des Europäischen Parlaments und des Rates vom 16. Juni 2010 über ortsbewegliche Druckgeräte und zur Aufhebung der Richtlinien des Rates 76/767/EWG, 84/525/EWG, 84/526/EWG, 84/527/EWG und 1999/36/EG (ortsbewegliche Druckgeräte). http://data.europa.eu/eli/dir/2010/35/oj

Richtlinie 2014/68/EU des Europäischen Parlaments und des Rates vom 15. Mai 2014 zur Harmonisierung der Rechtsvorschriften der Mitgliedstaaten über die Bereitstellung von Druckgeräten auf dem Markt (Druckgeräterichtlinie). http://data.europa.eu/eli/dir/2014/68/oj

Festigkeitsrechnung von Schweißverbindungen

4

Die Bemessung von Strukturen muss grundsätzlich in eine statische Festigkeit sowie in eine Ermüdungsfestigkeit getrennt werden. Bei der statischen Festigkeit werden üblicherweise die höchsten Lasten bzw. Lastkombinationen angesetzt, unabhängig von der Häufigkeit des Auftretens. Damit wird sichergestellt, dass die Struktur auch bei höchster Betriebsbelastung nicht oder nur wenig plastifiziert. Für Sonderlasten wie Unfall oder Missbrauch kann eventuell für größere Bereiche ein Fließen zugelassen werden. Bei Verwendung duktiler Werkstoffe (kein Sprödbruch) wird damit auch dem weniger versierten Anwender deutlich, dass die Struktur überlastet wurde. Zum statischen Festigkeitsnachweis gehört auch die Absicherung gegen Stabilitätsversagen (Knicken, Beulen und Kippen). Auch hierfür sind die höchsten Lasten bzw. Lastkombinationen anzusetzen.

Bei der Ermüdungsfestigkeit werden die Betriebslasten nach Höhe und Häufigkeit berücksichtigt. Das Werkzeug zur Bemessung ist hierbei die Betriebsfestigkeit, welche in Kap. 5 ausführlich beschrieben wird.

4.1 Spannungsermittlung an Schweißnähten

Die Berechnung der Nahtspannungen erfolgt mit den Werkzeugen der technischen Mechanik, entweder analytisch oder per Finite-Elemente-Methode (FEM). Bei der Anwendung der FEM werden die Schweißnähte selbst je nach Art der Berechnungsmethode mehr oder weniger detailliert modelliert, siehe hierzu auch Kap. 7 „Vorgehensweisen zur FEM-Berechnung von Schweißverbindungen".

Für analytische Berechnungen gibt es variierende Vorgaben und Regeln, wie Schweißnahtquerschnitte und Wandstärken in die Berechnung einfließen. Meist wird hier

R. Späth, *Betriebsfeste Konstruktion und Berechnung von Schweißverbindungen*, https://doi.org/10.1007/978-3-658-40789-6_4

mit Nennmaßen gearbeitet. Lokale Abweichungen, Toleranzen etc. gehen über separate Faktoren oder unterschiedliche zulässige Spannungen in die Berechnung ein.

Zur Berücksichtigung des a-Maßes oder der Blechstärke gibt z. B. Schuler (1992) praxisnahe Vorgaben. Grundsätzlich ist folgende Überlegung hilfreich: Folgt man dem Kraftfluss innerhalb der Schweißnaht und der verbundenen Bauteile, so wird für die Berechnung der geringste, im Kraftfluss liegende Querschnitt verwendet. Dieser berechnet sich aus Schweißnahtlänge und Dicke. Für die Dicke ist dies bei Kehlnähten üblicherweise das a-Maß. Bei voll durchgeschweißten Verbindungen gilt die geringere der beiden Wandstärken der Bauteile. Für die Berechnung der tragenden Schweißnahtlänge werden Endkrater abgezogen. Werden Auslaufbleche verwendet (die Bereiche der Endkrater werden nach dem Schweißen abgetrennt) kann die Schweißnahtlänge zu 100 % angesetzt werden. Allgemein:

$$\sigma = \frac{F}{l_{trag} \cdot a} \tag{4.1}$$

4.2   Statische Festigkeitsrechnung

Bei der statischen Festigkeitsrechnung wird üblicherweise ein Absichern gegen Fließen vorgenommen. Bis zur Bruchgrenze wird allgemein nicht ausgelegt. Bei einigen Aluminiumlegierungen kann es in der Wärmeeinflusszone zu einem Festigkeitsabfall kommen. Dieser kritische Fall kann z. B. durch Entfestigungsfaktoren berücksichtigt werden. Vorgehen und Werte finden sich z. B. in Rennert et al. (2020).

Besonders wichtig ist auch die Absicherung gegen Stabilitätsversagen, da dies z. B. bei einer normalen FEM-Analyse nicht geprüft wird. Hierzu sind besondere, zusätzliche Berechnungen nötig. Vorsicht ist vor allem beim Übergang von Baustählen zu höherfesten Stählen geboten: Angesichts der höheren Festigkeit können Wandstärken reduziert werden. Da in die lineare Knickberechnung der E-Modul und nicht die Fließgrenze eingeht, steigt die Gefahr eines Stabilitätsversagens deutlich. Dies muss gezielt abgesichert werden.

4.2.1   Absicherung gegen Fließen

Üblicherweise sollen Strukturen statisch nur so weit belastet werden, dass kein Plastifizieren auftritt. Bei genauer Auslegung und guter Absicherung kann man den Bereich des Fließens zum Teil ausnutzen: Für sehr seltene und ungünstige Lastkombinationen kann dies eventuell akzeptiert werden. Besonders bei Biegebelastung tritt Fließen nur in der höchstbeanspruchten Randfaser auf und der Kernquerschnitt wird nur elastisch beansprucht. In Rennert et al. (2020) finden sich einfache Modelle und Werte, um das Plastifizieren in der Auslegungsrechnung geeignet zu berücksichtigen.

Bei reiner Zug-/Druckbelastung ist die Gefahr einer Plastifizierung über den gesamten Querschnitt vorhanden. Hier sollte der Fließbereich nur äußerst zurückhaltend genutzt werden und durch detaillierte Rechnungen oder Versuche abgesichert werden.

Duktile Grundwerkstoffe wie Baustahl haben bei Biegebelastung durchaus Reserven – eine Verfestigung des Werkstoffs kann zudem hilfreich sein. Deutlich kritischer ist es, diese Reserven in Schweißverbindungen auszunutzen. Hier liegen üblicherweise ungünstige Randbedingungen vor:

- Weniger Duktilität (spröderes Verhalten) in der Schweißnaht,
- Eigenspannungen, die bis zur Fließgrenze des Werkstoffs reichen können,
- Festigkeitsabfall in der Wärmeeinflusszone (vor allem bei einigen Aluminium-legierungen, aber auch bei einigen Stählen).

Die Duktilität ist zum einen werkstoffbedingt reduziert (hohe Temperaturgradienten und dadurch Aufhärtungen bei Stahl) sowie durch die geometrische Kerbe der Naht selbst. Letztere führt zu mehrachsigen Spannungszuständen und damit zu spröderem Verhalten (siehe hierzu auch Kap. 5). In der Praxis bedeutet die Reduktion von Duktilität die Gefahr der Rissbildung: Wird eine Schweißverbindung einmalig hoch beansprucht und das Fließen ist behindert, kann sich ein Riss bilden. Dieser ist hinsichtlich der Schwing-festigkeit überaus kritisch und kann bei ausreichender Rissgröße rasch wachsen.

Die Eigenspannungen sind sehr schwer zu bestimmen und können selbst bei gleicher Konstruktion aber unterschiedlichen Fertigungstoleranzen oder Schweißreihenfolgen stark variieren. Um Zugeigenspannungen sicher auszuschließen, kann eine geeignete Wärmebehandlung oder das Einbringen von Druckeigenspannungen angewendet werden.

Bei einigen Aluminiumlegierungen, vor allem bei ausscheidungsgehärteten, kann es in der Wärmeeinflusszone zu einem Festigkeitsabfall kommen. Aufgrund des Temperaturverlaufs beim Schweißen sinkt dort die Fließgrenze. Die betroffenen Bereiche sind im Vergleich zum Stahl relativ groß: Pauschal spricht man hier von einem Bereich ca. 30 mm links und rechts der Naht. In Rennert et al. (2020) werden für ver-schiedenste Aluminiumwerkstoffe diese Entfestigungsfaktoren angegeben. Zum Teil werden nur 60 % der ursprünglichen Festigkeit zugelassen.

Durch den Temperaturverlauf beim Schweißen wird in der Wärmeeinflusszone in etwa ein Lösungsglühen und Abschrecken vorgenommen (stark abhängig von den Schweißbedingungen). Um wieder in die Nähe der ursprünglichen Festigkeit zu gelangen, kann eventuell der Auslagerungsprozess am geschweißten Bauteil vorgenommen werden. Es müssen ausreichend große Öfen zur Verfügung stehen. Legierungen, die kalt auslagern, erreichen nach einigen Wochen wieder die Härte und Festigkeit.

Wegen der genannten Faktoren wird üblicherweise bei geschweißten Strukturen die Fließgrenze nicht voll ausgenutzt. Es kommen neben den üblichen Sicherheitsbeiwerten auch Nahtbeiwerte zum Tragen. Hinsichtlich dieser Nahtbeiwerte gibt es Unterschiede je nach Branche oder Anwendungsbereich. Auch die Berechnungsmethoden sind zum Teil völlig unterschiedlich. Z. B. zwischen der Anwendung Maschinenbau, Behälterbau oder

Stahlbau: Für den Maschinenbau finden sich Werte z. B. in Rennert et al. (2020), für den Behälterbau in den AD 2000-Merkblättern und für den Stahlbau z. B. in DIN EN 1993-1-8. Für die entsprechenden Berechnungsmethoden und Werte sei auf diese Literaturstellen verwiesen. Einen Überblick gibt Wittel et al. (2019).

4.2.2   Absicherung gegen Stabilitätsversagen

Zum Stabilitätsversagen gehören Versagensarten, bei denen die äußere Last und der Strukturwiderstand in einem labilen Gleichgewicht sind. Durch seitliches Ausweichen eines Teils der Struktur wird so z. B. aus einer reinen Druckbeanspruchung eine Biegedruckbeanspruchung. Mit zunehmender Last steigen die Auslenkung und damit der Biegeanteil. Für das Versagen genügt bereits eine einmalige Überlastung der Struktur. Bei nicht redundanten Lastpfaden kann eine geringe einmalige Überschreitung der kritischen Last zu einem Totalversagen der gesamten Struktur führen. Stabilitätsversagen sollte daher immer mit den kritischsten, theoretisch möglichen (wenn auch seltenen) Lastkombinationen sowie mit ausreichenden Sicherheitsfaktoren bemessen werden.

Analytische Berechnungen gehen meist von der perfekten Ausgangsgeometrie (ohne Form- oder Fertigungsabweichungen) aus. In der Realität ist aber kein Stab oder Blech perfekt gerade, keine Krafteinleitung erfolgt genau zentrisch etc. Zusätzliche, vermeintlich nachrangige Belastungen, können das Stabilitätsversagen zusätzlich begünstigen: Querbelastungen durch Wind, Schnee, Eigengewicht, Konsolen für Anbauteile etc. Neben einer einfachen Stabilitätsberechnung mit FEM sollten daher für kritische Fälle auch nichtlineare Berechnungen unter Berücksichtigung von Geometrieverschiebungen vorgenommen werden. Bei diesem Ansatz sollen auch Vorverformungen im Modell sowie Querlasten berücksichtigt werden. Eine sehr gute praktische Handhabe für FEM-Berechnungen und für Instabilitätsberechnungen findet sich in DNV-RP-C208. Dort werden auch Faustwerte typischer Vorverformungen gegeben. Viele weitere Berechnungsvorgaben enthalten die Normen des Eurocode 3, unter anderem: DIN EN 1993-1-1 und DIN EN 1993-1-6.

Bei Schweißkonstruktionen können zu den geometrischen Abweichungen zusätzlich noch erhebliche Eigenspannungen kommen. Diese können im ungünstigen Fall ein Stabilitätsversagen deutlich begünstigen. Da es meist schwierig ist, die Eigenspannungen zu bestimmen, kann man diese entweder mit einem maximalen Wert ansetzen (Fließgrenze des Werkstoffs) oder pauschal mittels erhöhter Sicherheitsfaktoren. Als pauschale Regel werden bei einfachen Stabilitätsberechnungen Sicherheitsfaktoren von mindestens drei bis fünf angesetzt. Damit sollten übliche Vorverformungen, Eigenspannungen etc. in etwa abgedeckt sein. In Einzelfällen und abhängig von Berechnungsvorschriften können auch höhere Sicherheitsbeiwerte nötig sein.

Zusätzlich ist zu beachten, dass beim Entstehen von Rissen unter Schwingbeanspruchung tragende Querschnitte zusätzlich verringert werden können. Im ungünstigen

Fall führt diese Schwächung zu einer stark reduzierten Stabilitätssicherheit, mit entsprechenden potenziellen Folgen eines plötzlichen Totalversagens.

Formen des Stabilitätsversagens Die bekannteste Form des Stabilitätsversagens ist das Stabknicken. Dies lässt sich für einfache Fälle recht leicht berechnen (Stabknicken nach Euler). Insgesamt gibt es drei Arten des Stabilitätsversagens

- Stabknicken,
- Beulen,
- Kippen.

Diese werden im Anschluss kurz erläutert.

4.2.2.1 Stabknicken

Schlanke Stäbe können unter Längsdruckbelastung seitlich ausweichen. Durch das entstehende Biegemoment (= Längskraft × seitliche Verschiebung) wird das Ausweichen und damit das Biegemoment weiter drastisch erhöht. Bei weiter steigender Last versagt der Druckstab spontan durch Knicken.

Neben dem geraden Biegeknicken gibt es je nach Stabquerschnitt auch weitere Knickfälle. Diese können folgendermaßen auftreten:

- Biegeknicken,
- Drillknicken,
- Biegedrillknicken.

Auf eine tiefere analytische Behandlung der verschiedenen Knickfälle wird hier verzichtet. Für den Hintergrund der verschiedenen Stabilitätsformen sei auf die Literatur verwiesen, z. B. Wiedemann (2007). In der Praxis wird dies heute für komplexere Strukturen nicht mehr analytisch gelöst, sondern via spezieller Stabilitätsuntersuchungen mittels FEM. Ein Beispiel zeigt Abb. 4.1. Ein T-Profil (beidseitig gelenkig eingespannt) versagt unter Drucklast (350 kN) rechnerisch zuerst durch Biegedrillknicken (geringere Sicherheit) als durch reines Biegeknicken. Dieses Verhalten kann durch Versuche im Labor auch gezeigt werden. Das T-Profil ist aber gegenüber üblichen Profilen leicht verändert (Steg der Länge nach etwas abgefräst, kurzes gedrungenes Profil), um das Biegedrillknicken erzwingen zu können. Meist versagen übliche T-Profile durch reines Biegeknicken.

Die hier vorliegende Rechnung basiert auf einem rein elastischen Materialverhalten. Modelliert wurde hier ein Stahl mit einem E-Modul von 210.000 MPa. Die Fließgrenze des Werkstoffs geht in die Berechnung hier nicht ein. Bei gedrungenen Stäben muss ein Fließen sicher ausgeschlossen werden. Siehe hierzu auch Abschn. 4.2.2.4, „Elastisch-Plastisches-Stabilitätsversagen".

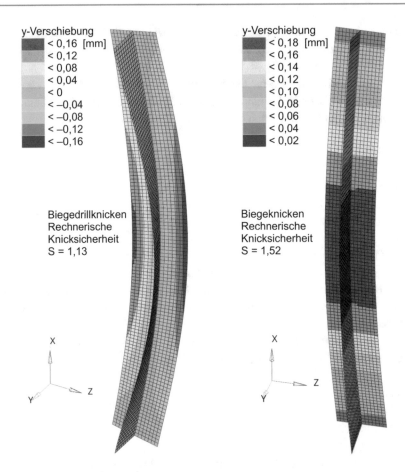

Abb. 4.1 FEM-Darstellungen zur elastischen Knickberechnung an einem T-Profil: Biegedrill-knicken (links) und reines Biegeknicken (rechts). Die Drillung kann im Bild gut anhand der unterschiedlichen Vorzeichen der Verschiebung in y-Richtung erkannt werden. Darstellung 50fach überhöht

4.2.2.2 Beulen

Diese Versagensform ist wichtig bei Blechkonstruktionen: Blechfelder können unter Druck- und auch unter Schubbelastung beulen. Vor allem bei größeren freien Blechfeldern und geringeren Wandstärken kann Beulen deutlich vor dem Fließen auftreten. Ein Beispiel ist in Abb. 4.2 dargestellt: Ein allseitig gelenkig eingespanntes quadratisches Stahlblech mit 1000 mm Kantenlänge und einer Wandstärke von 5 mm wird an einer Kante mit einer Linienlast von insgesamt 6600 kN in der Blechebene belastet. Die Nennspannungen sind bei dieser Belastung äußerst gering. Berücksichtigt man aber die Stabilität, ergeben sich nur noch geringe Sicherheiten. Die erste Beulform ist darunter dargestellt, es ergibt sich eine rechnerische Sicherheit von 1,12. Da hier von einem ideal ebenen Blech und

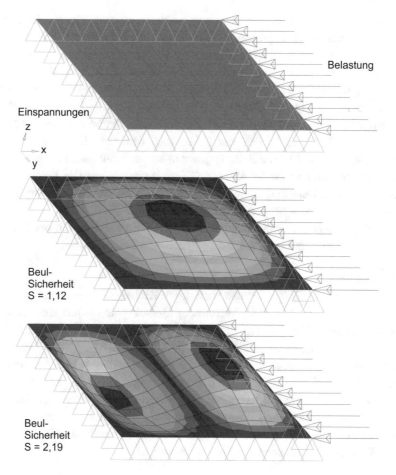

Abb. 4.2 FEM-Modell und Ergebnisse einer elastischen Stabilitätsberechnung eines quadratischen Stahlblechs mit 1000 mm Kantenlänge und 5 mm Wandstärke. Gesamtbelastung in x-Richtung 6600 kN. Gelenkige Einspannung an den umlaufenden Rändern

einer perfekt zentrischen Krafteinleitung ausgegangen wird, ist diese Sicherheit aber zu gering. Die zweite Beulform ist im Bild unten mit einer rechnerischen Sicherheit von 2,19 dargestellt. Es ergeben sich typischerweise Beulformen höherer Ordnung (ähnlich den Harmonischen bei Schwingungen), welche immer eine höhere Beulsicherheit aufweisen. FEM-Programme sortieren die gefundenen Beulmodi üblicherweise mit zunehmender Sicherheit. Das heißt der erste gefundene Beulmodus ist gleichzeitig der kritischste. Bei komplexen Strukturen können sich aber unterschiedlichste Beulmodi mit ähnlichen Sicherheitsfaktoren ausbilden – es ist daher immer ratsam, mehrere Beulmodi zu rechnen und nicht nur den ersten. Theoretisch könnten FEM-Programme so viele Beulmodi wie Freiheitsgrade im Modell berechnen, in der Praxis ergibt das aber kaum Sinn.

Das Beulen durch Normalbeanspruchung ist recht anschaulich, es gibt aber auch ein Beulen unter Schubbeanspruchung. Dies kann z. B. bei dünnen Schubfeldern auftreten. Das Beulen wird in Wirklichkeit durch die Normalspannungen erzeugt. Diese liegen um 45° gegenüber den maximalen Schubspannungen verdreht. Anschaulich kann dies durch die Beulmodi bei Schubbelastung dargestellt werden. In Abb. 4.3 ist das Blechfeld aus Abb. 4.2 dargestellt. Die Belastung erfolgt hier tangential an den Kanten. An jeder Kante wird wieder eine Schubbelastung von 6600 kN aufgebracht. Die Orientierung der Belastung an den vier Seiten folgt dem Grundsatz der zugeordneten Schubspannungen. Damit ist die Belastung wie in einem Schubfeld. Es ergeben sich die typischen Schubbeulformen unter 45° zur Schubbeanspruchung. Die Beulsicherheit ist bei nominell gleicher Belastungshöhe deutlich größer als bei Normalbelastung. Auch hier gibt es weitere Beulformen höherer Ordnung.

Für Schalentragwerke gibt die Stahlbaunorm DIN EN 1993-1-6 (Teil des Eurocode 3) viele weitere Hinweise und Berechnungsmethoden zum Beulnachweis.

4.2.2.3 Kippen

Höhere, torsionsweiche Träger können auch durch Kippen versagen. Dies ist vor allem kritisch bei Kragträgern, da hier die Verformungsfreiheitsgrade größer sind als bei beidseitiger Einspannung. Abb. 4.4 zeigt das FEM-Modell und das Ergebnis einer Stabilitätsberechnung für das Kippen eines Kragträgers in Form eines I-Profils bei Lasteinleitung auf der Oberseite des Trägers. Die rechnerische Knicksicherheit beträgt bei diesem Beispiel mit Kraftangriff oben (wie in der Abbildung dargestellt) 3,15. Kippen kann aber auch bei Kraftangriff unten auftreten: Bei unveränderter Orientierung der Kraft beträgt die rechnerische Kippsicherheit dann 4 (nicht in der Abbildung dargestellt, das Verformungsverhalten ist ähnlich dem Kraftangriff oben). Eine seitliche Führung der Gurte am freien Ende des Trägers kann das Kippen verhindern.

4.2.2.4 Elastisch-Plastisches Stabilitätsversagen

Die bisher beschriebenen Berechnungen basieren auf einem linearen Materialverhalten. Bei hohen Beanspruchungen kann es aber durchaus zu einem Plastifizieren des Werkstoffs kommen, damit versagen Strukturen hinsichtlich Stabilität früher. Gezeigt werden soll dies beim einfachen Stabknicken. In die Eulerformeln für die zulässige Knicklast geht die Fließgrenze des Werkstoffs nicht ein – nur der E-Modul, die freie Knicklänge und das Flächenträgheitsmoment. Wird die Fließgrenze bei der Belastung überschritten, sind die Formeln nicht mehr gültig und die Rechnung ist nicht konservativ, sondern optimistisch. Dargestellt wird dies durch die sogenannte Euler-Hyperbel, Abb. 4.5. Die Vorgehensweise der Berechnungen nach Tetmajer und Engesser-Kármàn berücksichtigen die zunehmende Plastifizierung des Querschnitts analytisch. Auf diese Berechnungsmethoden wird hier nicht eingegangen. Details siehe z. B. in Kollbrunner und Meister (1961).

In der Praxis erfolgt die Berechnung heute meist durch FEM-Analysen.

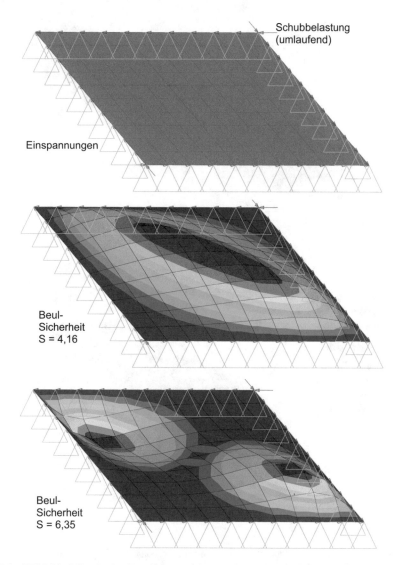

Abb. 4.3 FEM-Modell und Ergebnisse einer elastischen Stabilitätsberechnung eines quadratischen Stahlblechs mit 1000 mm Kantenlänge und 5 mm Wandstärke. Tangentiale Linienbelastung an den freien Kanten je 6600 kN, Orientierung der Belastung im Sinne zugeordneter Schubspannungen. Gelenkige, längsverschiebliche Einspannung an den umlaufenden Rändern

Der Grenzschlankeitsgrad λ_p, ab dem Plastifizieren auftritt, berechnet sich wie folgt:

$$\lambda_p = \sqrt{\frac{\pi^2 \cdot E}{R_p}} \qquad (4.2)$$

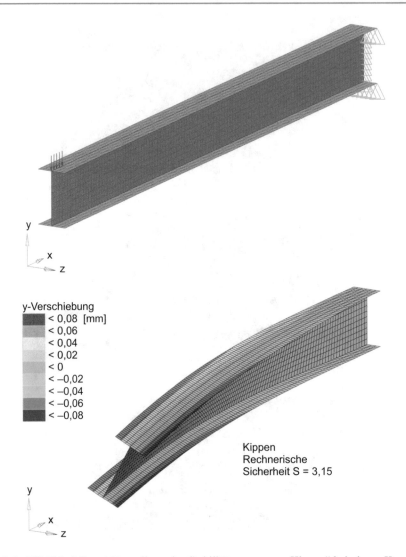

y-Verschiebung
	< 0,08 [mm]
	< 0,06
	< 0,04
	< 0,02
	< 0
	< −0,02
	< −0,04
	< −0,06
	< −0,08

Kippen
Rechnerische
Sicherheit S = 3,15

Abb. 4.4 FEM-Modell und Darstellung des Stabilitätsversagens „Kippen" bei einem Kragträger in Form eines I-Profils. Rechnerische Sicherheit bei Kraftangriff oben 3,15, Darstellung 50fach überhöht

Für Schlankheitsgrade links der Grenze λ_p ist die Berechnung deutlich zu optimistisch: Es werden wesentlich höhere zulässige Knicklasten berechnet, als in Wirklichkeit ertragen werden können.

Am Beispiel des T-Profils vom Anfang des Abschnitts soll dies ebenfalls verdeutlicht werden. Bei der Berechnung mit linearem Materialverhalten wurde eine Knicksicherheit von 1,13 für eine Belastung von 350 kN ermittelt. Da es sich bei dem Profil

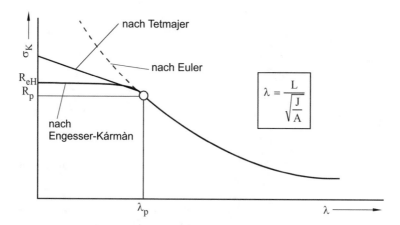

Abb. 4.5 Elastisch-Plastisches Knicken: Euler-Hyperbel für Knickstäbe mit Erweiterung nach Tetmajer sowie nach Engesser-Kármàn. (Adaptiert nach Klein 2013, mit freundlicher Genehmigung von © Springer Fachmedien Wiesbaden 2013. All Rights Reserved)

um einen gedrungenen und keinen schlanken Stab aus einem einfachen Baustahl S235 handelt, ist zu prüfen, ob es hier nicht zu Plastifizierungen kommt. In einer nicht-linearen FEM-Analyse kann auch das plastische Werkstoffverhalten berücksichtigt werden. Diese Berechnungen sind genauer und können auch Querkräfte oder zusätz-liche äußere Momente sowie Vorverformungen berücksichtigen. Für eine nichtlineare Stabilitätsuntersuchung mit FEM ist in einem ersten Schritt eine lineare Stabilitäts-berechnung durchzuführen. Die sich ergebenden Verformungen sind den Strukturen auf-zuprägen. Dies kann üblicherweise im Post-Processing der FEM-Programme erfolgen: Verformungsergebnisse werden auf das Netz übertragen. Die anschließende nichtlineare Berechnung erfolgt an der vorverformten Struktur. Anhaltswerte für die Vorverformung der Strukturen liefert z. B. die Norm DNV-RP-C208. Bei einfachen Strukturen können z. B. 0,25 bis 0,5 % der Trägerlänge als Vorverformung angesetzt werden. Alternativ können auch reale Werte aus der Produktion für die Berechnung herangezogen werden.

Für die nachfolgende FEM-Berechnung ist zu beachten, dass das Materialverhalten möglichst genau modelliert wird sowie dass die Berechnung mit der Option „Große Ver-formungen" oder „Large Displacements" (unterschiedliche Bezeichnung, je nach FEM-Software) durchgeführt wird. Nur mit dieser Option berücksichtigt das Programm in den Rechenschritten die zunehmende Verformung (= Auslenkung!) mit zunehmender Last. Üblicherweise führen FEM-Programme die Berechnung an der unverformten Struktur durch – dies würde zu deutlich optimistischen Ergebnissen führen. Es ist auch zu beachten, dass die Berechnung konvergiert, gerade bei Stabilitätsberechnungen kommen FEM-Solver an ihre Grenzen, da die Verformung bei nur leicht steigender Kraft dramatisch zunehmen kann. Ein Trick kann sein, dass in der FE-Berechnung keine Last, sondern eine Ver-schiebung aufgebracht wird, dies erleichtert das Konvergieren für die meisten FE-Solver.

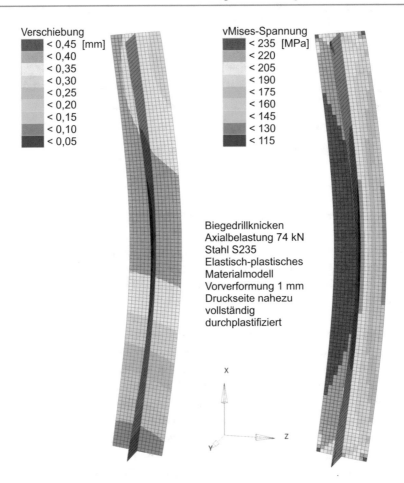

Abb. 4.6 Verformungs- und Spannungsplot für elastisch-plastische Knickberechnung an einem T-Profil aus S235 mit einer Last von 74 kN

Für das Beispiel des T-Profils ergibt sich bei elastisch-plastischer Rechnung eine Knicklast von 74 kN, siehe Abb. 4.6. Schon bei dieser Last plastifiziert ein großer Anteil des Querschnitts und das Versagen stellt sich damit sehr schnell ein. Im Laborversuch ertrugen diese Profile 79 bis 80 kN.

Normenverzeichnis

AD 2000-Merkblatt HP 0:2022-03, Herstellung und Prüfung von Druckbehältern – Allgemeine Grundsätze für Auslegung, Herstellung und damit verbundene Prüfungen

DNV-RP-C208:2019-09, Determination of structural capacity by non-linear finite element analysis methods – Recommended practice

DIN EN 1993-1-1:2010-12, Eurocode 3: Bemessung und Konstruktion von Stahlbauten – Teil 1-1: Allgemeine Bemessungsregeln und Regeln für den Hochbau; Deutsche Fassung EN 1993-1-1:2005+AC:2009

DIN EN 1993-1-6:2017-07, Eurocode 3 – Bemessung und Konstruktion von Stahlbauten – Teil 1-6: Festigkeit und Stabilität von Schalen; Deutsche Fassung EN 1993-1-6:2007+AC:2009+A1:2017

DIN EN 1993-1-8:2021-03 – Entwurf, Eurocode 3: Bemessung und Konstruktion von Stahlbauten – Teil 1-8: Bemessung von Anschlüssen; Deutsche und Englische Fassung prEN 1993-1-8:2021

DVS-EFB 3470:2017-02, Mechanisches Fügen – Konstruktion und Auslegung – Grundlagen/Überblick

Literatur

Klein, B.: Leichtbau-Konstruktion – Berechnungsgrundlagen und Gestaltung, 10. Aufl. Springer Vieweg, Wiesbaden (2013)

Kollbrunner, C.F., Meister, M.: Knicken, Biegedrillknicken und Kippen – Theorie und Berechnung von Knickstäben, Knickvorschriften, 2. Aufl. Springer, Berlin (1961)

Rennert, et al.: Rechnerischer Festigkeitsnachweis für Maschinenbauteile (FKM-Richtlinie), 7. Aufl. VDMA-Verlag, Frankfurt a. M. (2020)

Schuler, V. (Hrsg.): Schweißtechnisches Konstruieren und Fertigen. Vieweg, Braunschweig (1992)

Wiedemann, J.: Leichtbau – Elemente und Konstruktion. Springer, Berlin (2007)

Wittel, H., et al. (Hrsg.): Roloff/Matek Maschinenelemente – Normung, Berechnung, Gestaltung, 24. Aufl. Springer Vieweg, Berlin (2019)

Grundlagen der Betriebsfestigkeit

Die Betriebsfestigkeit hat sich in den vergangenen Jahrzehnten zu einem immer wichtigeren Werkzeug entwickelt. In der Luftfahrttechnik seit langem unverzichtbar wird sie heute sehr konsequent im Automobilbau (Leichtbau und Kostendruck) sowie zunehmend im allgemeinen Maschinenbau eingesetzt. Die Grundzusammenhänge sind, vereinfacht betrachtet, nicht sehr kompliziert. Ziel dieses Kapitels ist es, diese Grundzusammenhänge anschaulich zu erläutern. Sie bilden die Basis für das darauffolgende Kapitel. Für einen tieferen Einstieg in die Betriebsfestigkeit wird auf Literatur verwiesen: (Buxbaum 1992; Haibach 2006; Götz und Eulitz 2020).

Die Betriebsfestigkeit kann anschaulich und korrekt in drei Bereiche aufgeteilt werden:

1. Werkstoffwiderstand gegen Ermüdung (z. B. Schwingfestigkeit, Wöhlerlinie),
2. Belastung und Beanspruchung (z. B. Kräfte, Momente und Spannungen),
3. Schädigungsrechnung (Schadensakkumulationshypothesen).

Die Trennung in die drei Bereiche hilft, den Themenkomplex in überschaubare Teile aufzugliedern, aber auch Ursachen und Wirkungen besser zu verstehen.

5.1 Werkstoffwiderstand gegen Ermüdung

Werkstoffe zeigen ein unterschiedliches Verhalten bei der Ermüdung. Grundsätzlich führt eine hohe statische Festigkeit auch zu einer hohen Ermüdungsfestigkeit. Sobald Risse und deren Wachstum betrachtet werden, ist neben der Festigkeit aber vor allem die Duktilität von Bedeutung. In der Bruchmechanik spielt daher die Risszähigkeit eine große Rolle. Für die Zusammenhänge der Betriebsfestigkeit bei Beanspruchung bis

R. Späth, *Betriebsfeste Konstruktion und Berechnung von Schweißverbindungen*, https://doi.org/10.1007/978-3-658-40789-6_5

zum technisch erfassbaren Anriss wird die Bruchmechanik nicht betrachtet. Hobbacher (2016) gibt für Schweißverbindungen einfache Ansätze für die Berechnung der Bruchmechanik an Schweißnähten an – dies wird hier nicht näher behandelt.

5.1.1 Ermüdung

Die Erkenntnis, dass Bauteile versagen können, auch wenn Sie nicht bis zur Maximalbeanspruchung belastet werden, wurde von August Wöhler erstmals wissenschaftlich dargestellt (Wöhler 1870). Wöhler untersuchte Schäden an Eisenbahnachsen. Es wurden damals Achsbrüche festgestellt, obwohl die Beanspruchung in den Achsen weit unter der Bruchfestigkeit des Werkstoffs lag. Die Ursache lag in einer schwingenden Beanspruchung (Umlaufbiegung) im Betrieb der Bauteile. Wöhler führte eine Vielzahl von Versuchen durch und erkannte, dass „Constructionen von unbegrenzter Dauer" erreicht werden können, wenn die höchste auftretende Spannung etwa die Hälfte der Bruchfestigkeit erreichte. Diese Regel findet sich heute noch, leicht angepasst, in zahlreichen Tabellen- und Regelwerken, z. B. für Walzstahl: Die Wechselfestigkeit beträgt dort 45 % der Bruchfestigkeit.

Eine wichtige Erkenntnis leitet sich von Wöhler ab: Werkstoffermüdung geht immer mit einer Veränderung der Beanspruchung einher. Kurzgefasst:

▶ Metallische Werkstoffe ermüden durch veränderliche Beanspruchungen.

Eine statische Beanspruchung führt nicht zu einer Ermüdung, es kann hier – abhängig von Beanspruchung, Temperatur und Zeit – zu Fließen bzw. Kriechen kommen. Diese Effekte sollen hier nicht betrachtet werden, obgleich sie auch bei Schweißnähten, z. B. in Hochtemperaturanwendungen (Rohrleitungen in Kraftwerken) wichtig werden können.

5.1.2 Wöhlerlinie

Für Beanspruchungen oberhalb der Dauerfestigkeit (Zeitfestigkeit) wurde von Basquin 1910 ein empirischer Zusammenhang gefunden: Bei doppeltlogarithmischer Darstellung der Beanspruchungen und der dabei ertragbaren Lastspielzahlen können diese Werte idealisiert als Gerade dargestellt werden, siehe Abb. 5.1. Diese Linie wird heute im deutschen Sprachraum als Wöhlerlinie (engl. S-N-Curve) bezeichnet, zu Ehren von August Wöhler, der diesen Zusammenhang aber nicht selbst erkannte. Mithilfe der Basquin-Gleichung kann von einem Punkt der Zeitfestigkeitsgeraden auf einen anderen Punkt gerechnet werden. Diese Gleichung wird in der Praxis oft verwendet, um den Einfluss einer Beanspruchungsänderung auf die Lebensdauer zu ermitteln.

$$\left(\frac{\sigma_1}{\sigma_2}\right)^{-m} = \frac{N_1}{N_2} \tag{5.1}$$

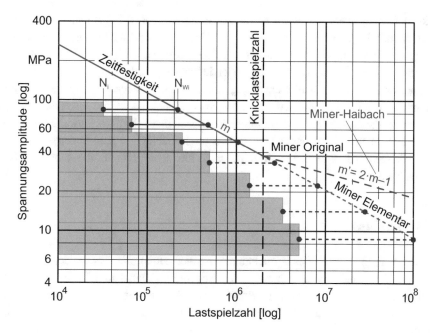

Abb. 5.1 Wöhlerlinie mit Zeit- und Dauerfestigkeitsast, Basquin-Gleichung

Wöhlerlinien unterscheiden sich auch im Spannungsbereich unterhalb der Dauerfestigkeit. Beanspruchungen unterhalb dieser können auf verschiedene Weise berücksichtigt werden:

- Sie bleiben unberücksichtigt („Miner Original").
- Sie werden voll berücksichtigt („Miner Elementar").
- Sie werden zum Teil berücksichtigt („Miner-Haibach").

Details hierzu siehe Abschn. „Schädigungsrechnung".

Versuche zur Ermüdungsfestigkeit unterliegen zudem einer nicht unerheblichen Streuung – diese ist deutlich größer als z. B. bei statischen Zugversuchen. Wöhlerlinien sind immer eine vereinfachte Darstellung von Ergebnissen, die einer statistischen Streuung unterliegen. Bei der Abbildung einer Wöhlerlinie sind Angaben zur Streuung oder zur Überlebenswahrscheinlichkeit erforderlich. Der einfachste Fall ist die Bildung einer mittleren Wöhlerlinie z. B. aus Ergebnissen von Schwingversuchen. In diesem Fall spricht man von einer 50-%-Wöhlerlinie: Die Ausfallwahrscheinlichkeit beträgt rechnerisch 50 %. Da diese für technische Produkte zu hoch ist, wird die mittlere (50 %) Wöhlerlinie mittels eines Streumaßes auf eine andere Überlebenswahrscheinlichkeit umgerechnet, z. B. 90 % oder 97,7 %. Dies wird detailliert in Kap. 8 „Ermüdungstest von Schweißproben" erläutert.

Beim Vergleich unterschiedlicher Wöhlerlinien müssen unbedingt die jeweiligen Randbedingungen verglichen werden (siehe auch Abschn. „Einflussgrößen"). Ein wesentlicher

Punkt, der leicht übersehen wird, ist die Art der Definition der Spannungswerte. Da die Werkstoffermüdung von einer Veränderung der Beanspruchung abhängt, ist hier meist (nicht immer) eine Spannungsänderung dargestellt. Diese kann entweder über die Amplitude oder die Schwingbreite (auch Schwingweite oder Doppelamplitude) abgebildet werden. Weltweit hat sich keine einheitliche Darstellung durchgesetzt, Verwechslungen können zu einem Fehlerfaktor Zwei führen, siehe Abb. 5.2. Als grober Anhaltspunkt hilft folgende Aufteilung: In angloamerikanischen Veröffentlichungen findet sich meist die Schwingweite (engl. Stress Range, $\Delta\sigma$), in Veröffentlichungen aus dem deutschsprachigen Raum findet sich meist die Amplitude (engl. Amplitude, σ_A). Zum Teil muss hier sehr genau auf die Achsbezeichnung geachtet werden.

5.1.3 Einflussfaktoren

Bei den veränderlichen Beanspruchungen ist vor allem die Größe der Spannungsänderung (Amplitude) von grundlegender Bedeutung. Daneben gibt es viele weitere Einflussfaktoren. Somit existiert für einen Werkstoff nicht nur eine Wöhlerlinie, sondern eine Vielzahl. Wesentliche Einflussfaktoren hierbei sind (die Erläuterungen erfolgen im Anschluss):

- Beanspruchungsart (Zug-Druck, Biegung, Schub),
- Mittelspannung,
- Spannungsverhältnis R,
- Kerbwirkung,
- Temperatur,
- Korrosion.

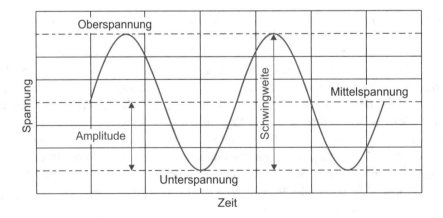

Abb. 5.2 Unterscheidung von Schwingweite und Amplitude in der Beschreibung von Schwingungen

5.1.3.1 Beanspruchungsart

Die Art der Beanspruchung hat einen großen Einfluss auf das Ermüdungsverhalten von Werkstoffen. Oft liegen bei einer Struktur mehrere Spannungszustände vor. Diese variieren zum Teil sogar über dem zeitlichen Verlauf (die variierende äußere Belastung führt zu variierenden inneren Beanspruchungszuständen). In der Praxis wird daher z. T. nur die dominante Beanspruchungsart zugrunde gelegt – die anderen Beanspruchungen werden gar nicht oder nur pauschal, z. B. über Faktoren, berücksichtigt.

Eine sehr gute Methode, um einen Spannungszustand anschaulich darzustellen, ist der Mohrsche Kreis. Diese bekannte Darstellungsart zeigt Normal- und Schubbeanspruchungen sehr anschaulich auf. Für dreidimensionale Spannungszustände können drei Kreise aufgetragen werden. War die zugrunde liegende Berechnung früher mit etwas Aufwand verbunden, so ist dies heute in Verbindung mit Finite-Elemente-Programmen sehr einfach: Die zwei bzw. drei Hauptspannungen (bei 2D- bzw. 3D-Modellen) lassen sich direkt für jedes Element im Postprocessing eines FEM-Programms auslesen. Mit diesen Werten können direkt die Mohrschen Kreise gezeichnet werden. Für die Grundlagen des Mohrschen Kreises wird auf die Literatur verwiesen, z. B. Gross et al. (2017).

5.1.3.2 Mittelspannung

Die Dauerfestigkeit hängt neben der Beanspruchungsart auch von der Mittelspannung der Schwingbeanspruchung ab. Es ist naheliegend, dass eine höhere Mittelspannung bei gleicher Amplitude unter anderem zu einer höheren Oberspannung führt. Der Werkstoff wird also auf höherem Niveau belastet. Inwieweit dies zu einer geringeren Dauerfestigkeit führt, kann sehr gut mittels eines Haigh- oder Smith-Diagramms dargestellt werden. Das Smith-Diagramm ist etwas anschaulicher, bei einem Haigh-Diagramm können einige Informationen (z. B. das Spannungsverhältnis R) besser dargestellt werden. Den prinzipiellen Aufbau eines Smith-Diagramms zeigt Abb. 5.3. Für Haigh-Diagramme sei auf die Literatur z. B. Bargel und Schulze (2018) verwiesen.

Mit zunehmender Mittelspannung sinkt die zulässige Spannungsamplitude der Dauerfestigkeit. Bei geringer negativer Mittelspannung ist sogar ein Anstieg der Dauerfestigkeit zu beobachten. Dieser Effekt dreht sich aber bald wieder um, bei sehr niedrigen Mittelspannungen (negative Werte, hoher Betrag, in der Abbildung nicht dargestellt) sinkt die zulässige Amplitude wieder. Zur Berechnung dient die Mittelspannungsempfindlichkeit (Schütz 1965), Formel siehe Abb. 5.3.

Für typische Eisenwerkstoffe können Werte der Mittelspannungsempfindlichkeit mithilfe der Formeln in der Abbildung ermittelt werden.

5.1.3.3 Spannungsverhältnis R

Das Spannungsverhältnis R beschreibt die Lage eines Schwingspiels, ähnlich wie die Mittelspannung, aber mit einer anderen Definition. Das Spannungsverhältnis R ist definiert als Unterspannung geteilt durch Oberspannung.

Abb. 5.3 Smith-Diagramm: vereinfachte Darstellung

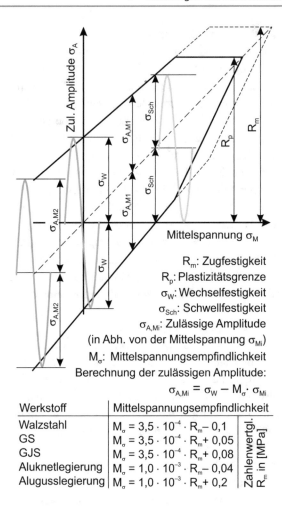

R_m: Zugfestigkeit
R_p: Plastizitätsgrenze
σ_W: Wechselfestigkeit
σ_{Sch}: Schwellfestigkeit
$\sigma_{A,Mi}$: Zulässige Amplitude
(in Abh. von der Mittelspannung σ_{Mi})
M_σ: Mittelspannungsempfindlichkeit
Berechnung der zulässigen Amplitude:
$$\sigma_{A,Mi} = \sigma_W - M_\sigma \cdot \sigma_{Mi}$$

Werkstoff	Mittelspannungsempfindlichkeit	
Walzstahl	$M_\sigma = 3{,}5 \cdot 10^{-4} \cdot R_m - 0{,}1$	
GS	$M_\sigma = 3{,}5 \cdot 10^{-4} \cdot R_m + 0{,}05$	Zahlenwertgl.
GJS	$M_\sigma = 3{,}5 \cdot 10^{-4} \cdot R_m + 0{,}08$	R_m in [MPa]
Aluknetlegierung	$M_\sigma = 1{,}0 \cdot 10^{-3} \cdot R_m - 0{,}04$	
Alugusslegierung	$M_\sigma = 1{,}0 \cdot 10^{-3} \cdot R_m + 0{,}2$	

$$R = \frac{\sigma_u}{\sigma_o} \tag{5.2}$$

Schwingbeanspruchungen mit gleichem R sind ähnlich, auch bei unterschiedlichen Amplituden. Wichtige Spannungsverhältnisse, die sich als feststehende Begriffe etabliert haben, sind z. B. „wechselnd" (für R = −1) oder „schwellend" (für R = 0). Bei Schweißverbindungen wird oft (z. B. nach IIW) ein Spannungsverhältnis R = 0,5 zugrunde gelegt. Durch die einfache Definition ergibt sich auch der Wert unendlich, wenn die Oberspannung Null ist. (Einschub: Die Problematik umging die alte Definition von κ nach der nicht mehr gültigen DIN 15018. In dieser wurde das Spannungsverhältnis κ nach folgender Definition berechnet: Die dem Betrag nach kleinere Spannung geteilt durch die dem Betrag nach größere Spannung unter Berücksichtigung der Vorzeichen. Damit ergeben sich z. T. unterschiedliche Werte für κ und R.)

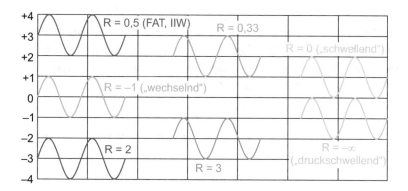

Abb. 5.4 Beispiele für das Spannungsverhältnis R, jeweils mit einer Amplitude von eins

Beispiele für das Spannungsverhältnis R siehe Abb. 5.4.

Wöhlerlinien mit unterschiedlichem Spannungsverhältnis R (aber sonst gleichen Parametern) liegen grob parallel. Wöhlerlinien mit unterschiedlichen Mittelspannungen weisen unterschiedliche Steigungsexponenten im Zeitfestigkeitsast auf. Daher werden einstufige Schwingversuche zur Ermittlung von Wöhlerlinien meist mit konstantem Spannungsverhältnis R und nicht mit konstanten Mittelspannungen durchgeführt.

5.1.3.4 Kerbwirkung

Die Wirkung von Kerben ist bei schwingender Beanspruchung deutlich kritischer als bei statischer. Daher muss diesem Einfluss besondere Aufmerksamkeit zukommen. Spröde Werkstoffe reagieren wesentlich empfindlicher auf Kerben als duktile, da Letztere die Spannungsspitzen am Kerbgrund z. T. durch lokales Plastifizieren abbauen können. Daher zeigen z. B. Schweißnähte an höherfesten Stählen keine Schwingfestigkeitssteigerung gegenüber Schweißverbindungen niedrigfester Stähle.

Zur besseren Veranschaulichung hilft die Vorstellung von zwei Werkstoffen mit extremer Eigenschaft bezüglich Duktilität: Glas (spröde, nicht duktil) und Knetmasse (sehr duktil). Die Kerbempfindlichkeit des Glases wird z. B. beim Glasschneiden genutzt: Das Glas wird an der Oberfläche nur geritzt, eine geringe Belastung genügt, und das Glas bricht entlang der Kerbe. Bei duktilen Werkstoffen reicht ein einfaches Ritzen nicht für ein Versagen. Hier muss der gesamte Querschnitt durchtrennt werden. Stähle liegen, je nach Festigkeit, in einem Bereich zwischen den beiden genannten Extremen. Ein tiefes Verständnis dieser Zusammenhänge ist gerade für Schweißverbindungen sehr wichtig, da hier mehrere Effekte zusammenkommen:

- Geometrische Kerbwirkung am Nahtübergang bzw. an der Wurzel,
- Versprödung des Werkstoffs durch schnelle Abkühlung im Schweißprozess,
- Mehrachsige Spannungszustände durch Kerbwirkung und überlagerte Eigenspannungen.

Beispiel Kerbprobe

Ein Bauteil mit verschiedenen Kerben kann, abhängig vom Belastungsniveau an verschiedenen Stellen versagen. Gezeigt wird dies am Beispiel einer mehrfach gekerbten Zugprobe. Es handelt sich um eine Flachprobe aus Baustahl S355 (Wandstärke 15 mm) mit den drei Kerben A, B und C, siehe Abb. 5.5.

Abb. 5.5 Kerbprobe aus Baustahl S355 mit den Kerben A, B und C

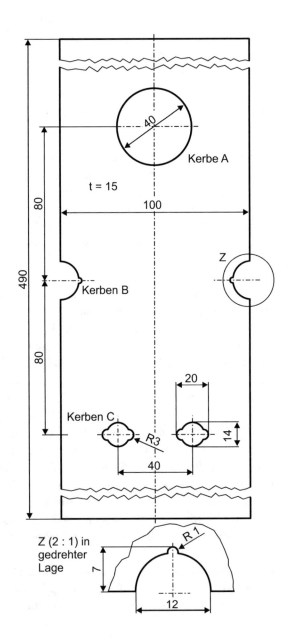

Anzahl und Abmessungen der Kerben wurden so gewählt, dass die Probe unter Längsbelastung, abhängig von der Höhe der Beanspruchung, an jeweils einer anderen Kerbe versagt. Hierfür wurden folgende Kerben eingebracht: A stellt eine schwache Kerbe dar (Radius 20 mm), der verbleibende Restquerschnitt beträgt 60×15 mm ($= 900$ mm^2). An den Stellen B finden sich scharfe Kerben (Radius 1 mm), der Restquerschnitt beträgt 86×15 mm ($= 1290$ mm^2). In C sind mittelscharfe Kerben (Radius 3 mm), der Restquerschnitt ist identisch zu A mit 60×15 mm ($= 900$ mm^2). Alle Kerbgründe wurden spanend bearbeitet, mit sehr ähnlicher Oberflächenqualität (keine besondere Oberfläche an einzelnen Kerben).

Es wird im Folgenden gezeigt, dass – abhängig von der Belastung – Versagen an jeder der drei Kerben eintreten kann. Hierzu erfolgt zuerst die Betrachtung der Spannungsniveaus an den drei Kerben. Die Probe wird hierzu als 2D-Modell in einem Finite-Elemente-Programm aufgebaut. Die Einspannung erfolgt unten, die Zugbelastung wird an der Oberkante eingeleitet. In Abb. 5.6 ist ein farblicher Spannungsverlauf der Vergleichsspannung nach der Gestaltänderungsenergiehypothese (im Weiteren „von-Mises-Spannung") dargestellt.

Zu sehen sind die typischen Spannungserhöhungen an den Kerben. Wichtig hierbei ist die Ausdehnung der Bereiche erhöhter Spannung und deren Gradienten: Bei Kerbe B nimmt die Spannung den höchsten Wert an, sie sinkt aber rasch mit zunehmendem Abstand zur Kerbe. Bei Kerbe A hingegen ist eine mittlere Spannungserhöhung zu beobachten. Die Ausdehnung ist aber wesentlich größer, der Gradient geringer. Die Kerben C sind zwischen A und B einzuordnen.

Betrachtet man nun die Hauptspannungspfeile an den drei Stellen (in den Abb. 5.7, 5.8 und 5.9 jeweils links unten, dargestellt ist die Richtung der ersten sowie zweiten Hauptspannung), so wird deutlich, dass bei der Kerbe A eine geringere „Umlenkung" des Kraftflusses auftritt als bei B. Damit ist der Spannungszustand bei A mehr uniaxial, bei B klar mehrachsig. Dieser Unterschied in der Mehrachsigkeit ist auch anhand der ersten und zweiten Hauptspannung (in den drei genannten Bildern jeweils oben) sowie in den dazugehörigen Mohrschen Spannungskreisen (in den drei genannten Bildern jeweils rechts unten) zu erkennen. Für jede Kerbstelle werden drei Mohrsche Kreise gezeigt: Hierzu werden die Spannungen je eines Elements an der Oberfläche der Kerbe, in der dritten und in der fünften Reihe ausgewertet. Die Farben der Mohrschen Kreise und der Markierungskreise sind jeweils identisch. Zusätzlich ist die Kerbzahl angegeben: Es ist das Verhältnis der höchsten lokalen Normalspannung (bei Zug erste Hauptspannung) zur Nennspannung im jeweiligen Nettoquerschnitt.

Die Mehrachsigkeit bei scharfen Kerben führt zu einer Querdehnungsbehinderung und stört das Plastifizieren: Ein duktiler Werkstoff, der in zwei Richtungen gleichzeitig gezogen wird, kann kaum fließen, er wird spröde versagen. Ein Werkstoffteil, der nur (oder vorwiegend) in einer Richtung beansprucht wird, kann sich in der Querrichtung verjüngen und bei ausreichender Duktilität plastifizieren. Da direkt an der Oberfläche einer Kerbe keine Spannung senkrecht zu dieser vorliegen kann, findet man dort

Abb. 5.6 Vergleichsspannung
nach von Mises an der
Kerbprobe bei einer
Zugbelastung von 250 kN

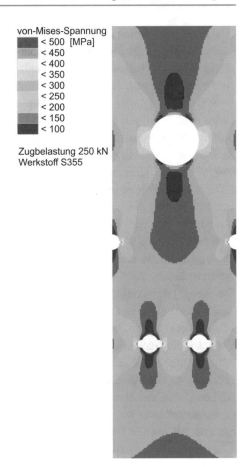

einen einachsigen Spannungszustand vor (bei 2D-Betrachtung). Die Unterschiede der Spannungszustände an den Kerben ergeben sich erst ab einer gewissen Tiefe.

Die Fließbereiche können gut mittels einer nichtlinearen FEM-Rechnung dargestellt werden. Hierzu wird der Werkstoff vereinfacht mittels zweier Geraden im Spannungs-Dehnungs-Diagramm modelliert: Bis zur Fließgrenze von 355 MPa beträgt die Steigung 210.000 MPa (E-Modul). Ab einer von-Mises-Spannung von 355 MPa (Dehnung ca. 0,17 %) wird das Werkstoffverhalten mit einem flacheren Tangentenmodul modelliert: 19.000 MPa. Ein Ergebnis einer nichtlinearen Rechnung der Kerbprobe mit plastischem Materialverhalten ist in Abb. 5.10. dargestellt. Betrachtet wird hier nur die plastische Dehnung, ohne den elastischen Anteil. Dadurch werden Fließbereiche gut sichtbar.

Das Materialverhalten ist hier einfach über eine bilineare Funktion modelliert. Exakte Werte sind weniger wichtig, sondern vielmehr eine qualitative Aussage zur Größe der Fließbereiche:

Bei Kerbe A tritt ein großflächiges Fließen auf. Im Bereich der Kerbe fließt der Werkstoff komplett. Es sind Fließbereiche mit mindestens 0,4 % plastischer Dehnung bis zum

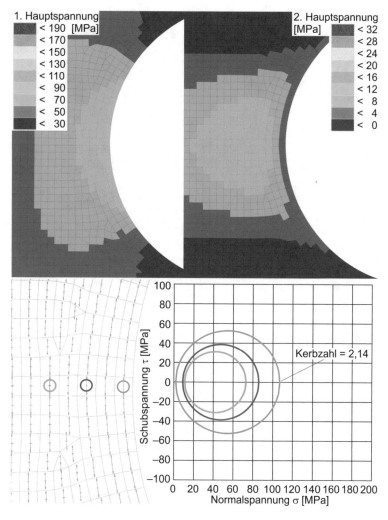

Abb. 5.7 Kerbstelle A, Zugbelastung 45 kN: Farbkonturdarstellung der ersten und zweiten Hauptspannung (oben links bzw. rechts), Hauptspannungspfeile und markierte Elemente (unten links) für die Mohrschen Kreise (unten rechts): an der Oberfläche (blau) sowie in der dritten (rot) und fünften (grün) Elementreihe

Probenrand vorhanden. Bei weiterer Lasterhöhung werden die Dehnungswerte deutlich ansteigen – ein Ausdehnen des Fließbereichs ist nicht mehr möglich, der Rand ist bereits erreicht.

Ganz anders ist die Situation an den Kerben B: Das Fließen tritt nur sehr lokal auf. Ein großer Teil des Restquerschnitts ist noch unbeeinflusst. Bei weiterer Lasterhöhung wird sich der Fließbereich nur langsam ausdehnen.

Eine Zwischenform findet man bei den Kerben C: Der Querschnitt fließt bis zu den Rändern. Die Werte der großflächigen plastischen Dehnung sind aber geringer als bei A.

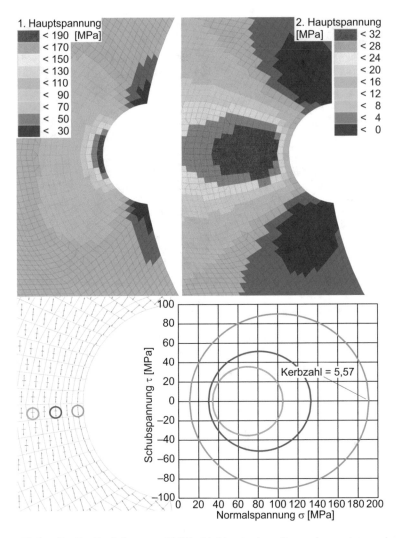

Abb. 5.8 Kerbstelle B, Zugbelastung 45 kN: Farbkonturdarstellung der ersten und zweiten Hauptspannung (oben links bzw. rechts), Hauptspannungspfeile und markierte Elemente (unten links) für die Mohrschen Kreise (unten rechts): an der Oberfläche (blau) sowie in der dritten (rot) und fünften (grün) Elementreihe

Bei weiterer Lasterhöhung wird das Fließen zunehmen, da es aber bei A ausgeprägter ist, ist dort der Anstieg schneller.

Ausdehnung und Spitzenwerte der Dehnung sind in Abb. 5.11 nochmal im Ausschnitt dargestellt.

Die Maximalwerte der Dehnung betragen ca. bei Kerbe A: 1,8 %, bei den Kerben B: 2,2 % sowie bei den Kerben C: 2,4 %.

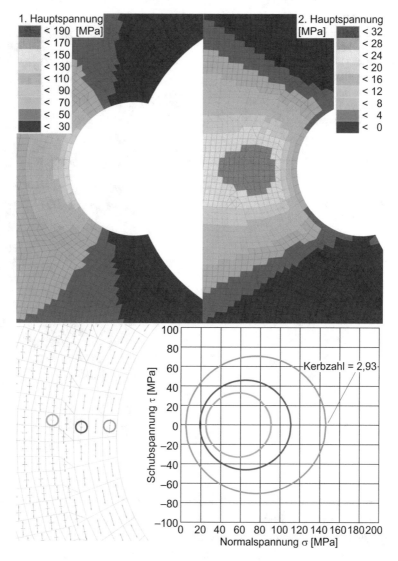

Abb. 5.9 Kerbstelle C, Zugbelastung 45 kN: Farbkonturdarstellung der ersten und zweiten Hauptspannung (oben links bzw. rechts), Hauptspannungspfeile und markierte Elemente (unten links) für die Mohrschen Kreise (unten rechts): an der Oberfläche (blau) sowie in der dritten (rot) und fünften (grün) Elementreihe

Im Laborversuch an der Kerbprobe stellen sich folgende Ergebnisse ein:

Die Kerbprobe versagt beim zügigen Zugversuch an der Stelle A: Im verringerten Querschnitt baut sich eine hohe Zugspannung auf, die Querdehnung ist kaum behindert. Bei zunehmender Last beginnt der Werkstoff im gesamten Querschnitt zu fließen, die wahre

Abb. 5.10 Nichtlineare FEM-
Rechnung der Kerbprobe.
Bilineares Materialverhalten.
Zugbelastung 433 kN.
Farbkonturdarstellung der
plastischen Dehnung. Wichtig
ist eine qualitative Betrachtung
der Größe der Fließbereiche

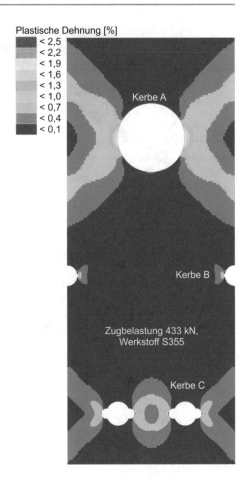

Spannung steigt weiter an (deutliche Verjüngung) bis duktiles Versagen eintritt. An den
Stellen B und C tritt auch Fließen auf, dies ist jedoch räumlich deutlich begrenzt und
durch die Querdehnungsbehinderung gestört. Die größten Spannungsspitzen im Kerbgrund werden durch Fließen abgebaut, das Plastifizieren nimmt aber nur wenig Raum
ein, der verbleibende Restquerschnitt kann die Last halten.

Im Schwingversuch bei geringeren Lasten versagt die Kerbprobe an der Stelle B: Die
schwingende Beanspruchung führt in den ersten Zyklen zu lokalem Plastifizieren, der
Werkstoff ermüdet im Weiteren und es bildet sich irgendwann lokal ein Riss, der mit
jedem Schwingspiel weiter wächst und schließlich auch optisch detektiert werden kann.
An den Stellen A und C sind die lokalen Spannungen geringer, eventuell kommt es zu
einem lokalen Fließen, das die Spannungsspitzen der Schwingspiele im Kerbgrund
abbaut. Auch hier käme es irgendwann zu einer Rissbildung (erst in C, dann auch in A,

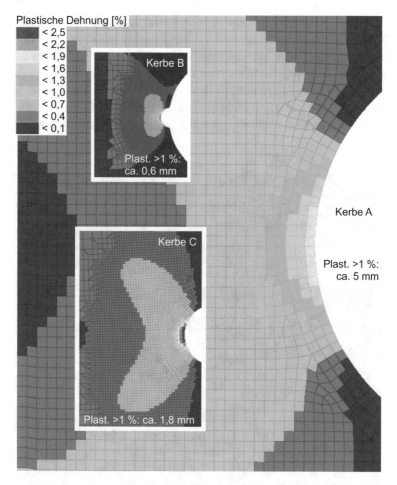

Abb. 5.11 Detailausschnitte der drei Kerben aus Abb. 5.10. Modellierung und Belastung wie dort. Der Maßstab ist für alle drei Ausschnitte derselbe. Angegeben ist jeweils zusätzlich die maximale Ausdehnung des Bereichs mit einer plastischen Dehnung von mindestens 1 %, gemessen vom Kerbgrund in die Tiefe

wenn die Dauerfestigkeit überschritten wird) – die Stelle B versagt aber aufgrund der höheren lokalen Spannung im Kerbgrund deutlich früher.

Führt man nun einen Schwingversuch mit recht hohen Lasten durch, kommen Mechanismen der Low-Cycle-Fatigue zum Tragen und die Probe versagt an der Stelle C: Wiederholtes Fließen beim Durchfahren der zyklischen Spannungs-Dehnungs-Hysteresen führt zu einer schnellen Ermüdung im Querschnitt C. Das Fließen ist ausgeprägter als bei B (dort größerer Restquerschnitt) und als bei A (dort geringere Spannungsüberhöhung durch schwächere Kerbwirkung).

Die Ergebnisse von drei derartigen Versuchen sind in Abb. 5.12 dargestellt. Die Versuche lassen sich gut reproduzieren, alle Proben stammen aus einer Blechcharge sowie aus einem Fertigungslos. Gut erkennbar sind die Fließbrüche bei Versagen in A und C sowie die typische Schwingrissbildung ohne sichtbares Plastifizieren bei Versagen in B.

Die hier gewonnenen Erkenntnisse können auch auf Schweißnähte übertragen werden: Schweißnähte stellen oft recht scharfe geometrische Kerben dar. Zu den geometrischen Kerben kommt meist eine metallurgische Kerbe hinzu (Gussgefüge in der

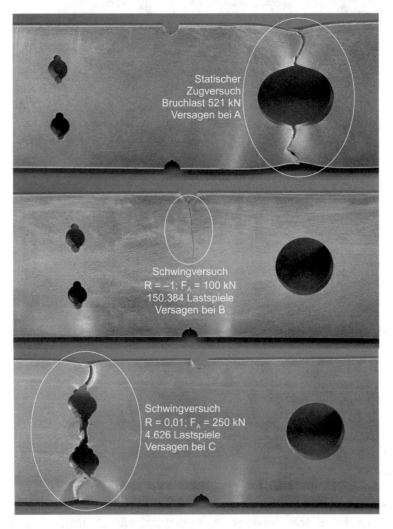

Abb. 5.12 Versagensorte an Prüflingen der Kerbprobe bei verschiedenen Längsbelastungen: Oben: Versagen in A: Statischer Zugversuch, Bruchlast: 521 kN; Mitte: Versagen in B: Schwingversuch ($R = -1$), Amplitude 100 kN, 150.384 Lastspiele; Unten: Versagen in C: Schwingversuch ($R = 0,01$), Amplitude 250 kN, 4626 Lastspiele

Naht, Wärmeeinflusszone, Härtegradienten, Schweißeigenspannungen). Sie reagieren damit deutlich empfindlicher auf eine Schwingbeanspruchung als das Grundmaterial. Die statische Festigkeit ist meist sehr gut – nicht zuletzt, da der Schweißzusatzwerkstoff meist besser als das Grundmaterial ist.

5.1.3.5 Temperatur

Werkstoffkennwerte werden üblicherweise für Bedingungen bei Raumklima angegeben bzw. einem etwas größeren Temperaturfenster. Bezüglich der Temperatur gibt es zwei unterschiedliche Effekte, abhängig, ob die Raumtemperatur über- oder unterschritten wird.

Höhere Temperaturen bis ca. 100 °C gelten für Stahl als unkritisch, bei Aluminium liegt die Grenze bei 70 °C. Der Festigkeitsabfall darüber ist nicht schlagartig, sondern erhöht sich mit steigender Temperatur. Verschiedene Werkstoffqualitäten reagieren unterschiedlich – daher wird hier auf die Literatur verwiesen: Werkstoffkundliche Zusammenhänge: Bargel und Schulze (2018), Zahlenwerte zur Auslegung: Rennert et al. (2020).

Hinsichtlich der Einsatzeignung bei niedrigen Temperaturen muss eine mögliche Versprödung ausgeschlossen werden. Dies wird üblicherweise durch die Kerbschlagzähigkeit ausgedrückt. Wichtig ist hier neben der Energieangabe vor allem die Prüftemperatur. In einer Schweißverbindung liegen mehrere Werkstoffzustände vor – die Prüfung der Kerbschlagzähigkeit einer realen Schweißverbindung ist damit nur schwer reproduzierbar möglich. Daher wird meist die Kerbschlagzähigkeit des Grundwerkstoffs herangezogen.

Da Schweißverbindungen aufgrund der metallurgischen Eigenschaften, der Kerbwirkungen sowie möglicher Eigenspannungen kritischer sind als der Grundwerkstoff, sollte die Prüftemperatur für die gewünschte Kerbschlagzähigkeit immer unter der minimalen Einsatztemperatur liegen.

5.1.3.6 Korrosion

Gerade unter schwingender Beanspruchung weisen alle Metalle (auch vermeintlich nichtrostende) eine Korrosionsempfindlichkeit auf. Für die Bildung von Schwingungsrisskorrosion genügt nach Bargel und Schulze (2018) bereits Leitungswasser. Mit einer Verringerung der Schwingfestigkeit ist bereits bei Angriff durch dieses Medium zu rechnen. Für tragende Strukturen, ist daher ausreichender Schutz vor Korrosion (Beschichtungen o. Ä.) vorzunehmen. In maritimer Umgebung sollten trotzdem nicht 100 % der rechnerischen Tragfähigkeit angesetzt werden. Eine exakte Berechnung des Festigkeitsabfalls ist nicht möglich – hier sind geeignete Versuche oder Erfahrungswerte der jeweiligen Branche oder Anwendung nötig.

5.2 Belastung und Beanspruchung

Die Begriffe Belastung und Beanspruchung bezeichnen zwei unterschiedliche Größen, die leider im Alltag nicht immer sauber unterschieden werden. Für die folgenden Erläuterungen ist diese klare Trennung aber hilfreich. Bei sauberer Verwendung werden in der Kommunikation Missverständnisse vermieden.

Belastungen sind von außen auf eine Struktur wirkende Kräfte oder Momente (auch Streckenlasten, Druckbeaufschlagung etc.). Diese äußeren Belastungen führen zu inneren Beanspruchungen, d. h. Spannungen, im Werkstoff. Die Streckenlast, die z. B. auf einen Biegebalken wirkt, ist eine Belastung, die sich im Balken ergebenden Biegespannungen sind hingegen Beanspruchungen.

Arbeitet man auf der Basis eines linearen Werkstoffgesetzes (kein Plastifizieren) sind Belastungen und Beanspruchungen proportional.

Zusätzlich muss die Belastungsfrequenz beachtet werden: Solange die äußere Last linear in die Struktur übertragen wird, sind Belastung und Beanspruchung proportional. Hierzu muss die Belastungsfrequenz deutlich kleiner als die Eigenfrequenz der Struktur sein. Ist dies nicht der Fall, d. h., die Belastungsfrequenz ist ähnlich oder höher als die Eigenfrequenz der Struktur, beeinflussen Massenkräfte das Übertragungsverhalten (Kuttner und Rohnen 2019). Dies muss dann separat berücksichtigt werden oder es werden wirklich die lokalen Beanspruchungen bzw. Dehnungen erfasst, z. B. mittels DMS.

In der praktischen Betriebsfestigkeitsrechnung werden meist Belastung und Beanspruchung äquivalent für die Berechnung herangezogen. Sobald es zu lokalem Plastifizieren kommt, ist dieser Zusammenhang aber nicht mehr gültig. In der Praxis wird – unabhängig von einem wirklichen lokalen Plastifizieren – meist mit dieser Linearität gerechnet. Will man eine lokale Plastifizierung in der Rechnung berücksichtigen, ist die genaue Kenntnis des zyklischen plastischen Werkstoffverhaltens (Spannungs-Dehnungs-Hysterese) unabdingbar. Der lokale Werkstoffzustand und dessen Historie im hochbeanspruchten Bereich (z. B. Verfestigungen durch Plastifizierungen) müssen genau bekannt sein. Für Schweißverbindungen gestaltet sich dies recht komplex, da z. B. gerade im Bereich des Schweißnahtübergangs verschiedenste Werkstoffzustände vorliegen: Schweißgut, Wärmeeinflusszone und Grundwerkstoff, mit teilweise hohen Gradienten der Eigenschaften. Daher wird in der Praxis gerade bei Schweißnähten oft nur eine lineare Spannungsberechnung durchgeführt. Beanspruchung und Belastung bleiben also proportional.

5.2.1 Lastkollektive

Die Belastungen werden häufig in Lastkollektiven dargestellt. Hierbei werden umfangreiche Last-Zeit-Verläufe durch Klassierverfahren vereinfacht. Mit dieser Vereinfachung geht immer ein Informationsverlust einher. Es ist daher vorteilhaft, Belastungs-Zeit-Verläufe nicht online (während der Messung) zu klassieren, sondern diese abzuspeichern und die Klassierung separat im Nachgang vorzunehmen. Besonders Zusammenhänge von verschiedenen, nichtsynchronen Lasten würden bei einer Online-Klassierung verloren gehen.

Wie im vorigen Abschnitt erläutert, sollten bei der Klassierung von Last-Zeit-Verläufen für Strukturen Amplituden und Mittelwerte der Beanspruchungen festgehalten werden. Damit erfasst man die zwei wesentlichen Parameter der Werkstoffschädigung. Dies wird durch unterschiedliche Klassierverfahren unterschiedlich gut geleistet.

Grundsätzlich kann in ein- und zweiparametrige Zählverfahren unterschieden werden. Ein sehr guter Überblick sowie detaillierte Beschreibungen finden sich in Köhler et al. (2012).

Zu den einparametrigen Klassierverfahren zählen u. a.:

- Spitzenzählung (aktuell wenig verwendet),
- Klassengrenzenüberschreitungszählung (kaum mehr verwendet),
- Bereichspaarzählung,
- Verweildauerzählung (für zyklisch belastete Strukturen, z. B. Zahnräder).

Zu den zweiparametrigen Zählverfahren gehören u. a.:

- Bereichspaar-Mittelwert-Zählung oder Rainflow-Zählung,
- Verbundverfahren (z. B. Drehmoment und Drehzahl bei Motoren).

Die verschiedenen Zählverfahren werden im Anschluss kurz erläutert. Ebenso die kaum mehr verwendeten, da sie zum Beispiel in alten Unterlagen verwendet sein könnten und in neue Lastannahmen einfließen sollen.

5.2.1.1 Spitzenzählung

Die Spitzenzählung ist sehr einfach und wurde daher auch sehr früh eingesetzt, z. B. wurde dieses Verfahren für eines der ersten veröffentlichten Lastkollektive angewendet: Kloth und Stroppel (1932a, b & c). Hier wurden die Drehmomente an einer Traktorzapfwelle gemessen und anschließend die Signalspitzen klassiert. Die Spitzenzählung berücksichtigt nicht direkt das eigentliche Schädigungsverhalten des Werkstoffs, es wird nur die Oberspannung festgehalten. Bei manchen Anwendungen kann dies aber durchaus ausreichend sein, z. B. bei rein schwellend belasteten Strukturen, die eine variable Maximallast und dann eine vollkommene Entlastung erfahren. Dies kann vereinfacht z. B. bei Hebezeugen (kein Fahranteil), Förderanlagen etc. zur Anwendung kommen: Über eine Förderbandrolle wird eine Last der Masse x bewegt, anschließend ist die Rolle wieder vollständig entlastet (Masse des Förderbands selbst wird vernachlässigt). Damit ergeben sich immer Schwingspiele von Null bis zur jeweiligen Belastung. Das Lastverhältnis R ist konstant ($R = 0$), die Mittellast nicht. Damit kann durch einfache Klassierung der Belastungsspitzen eine genaue Dokumentation des Kollektivs erfolgen.

5.2.1.2 Klassengrenzenüberschreitungszählung

Auch dieses Verfahren verdankt seine ehemalig große Verbreitung der Einfachheit der Zählung. Das Klassengrenzenüberschreitungsverfahren zählt einfach jede Überschreitung einer gesetzten Niveaugrenze – meist nur „aufwärts", d. h. bei steigender Beanspruchung.

Damit wird die Gesamtheit eines Schwingspiels schon recht gut wiedergegeben. Aus der Vergangenheit gibt es Berichte, dass damit z. B. auch lange Messschriebe (damals noch mit xy-Schreibern) durch Anlegen von langen Linealen „einfach" von Hand gezählt wurden. Das Lineal wird an der untersten Klasse angelegt, es werden die aufsteigenden Durchgänge gezählt. Anschließend wird das Lineal eine Klassenbreite nach oben geschoben und es werden wieder alle aufsteigenden Durchgänge gezählt. Im heutigen Computerzeitalter wirken diese Methoden archaisch, aber damals war dieses Verfahren sehr gut analog durchführbar.

5.2.1.3 Bereichspaarzählung

Bei der Bereichspaarzählung werden die Schwingbreiten einer vollständigen Schwingung erfasst. Die jeweils auf- und absteigende Flanke müssen nicht direkt nacheinander auftreten – sie werden in der Belastungszeitfunktion „gesucht" und zusammengefügt. Der jeweilige Mittelwert der auf- bzw. absteigenden Flanke muss für die Zählung gleich sein, wird aber nicht festgehalten. Dies unterscheidet die Bereichspaarzählung von der Rainflow-Methode (siehe zweiparametrige Zählverfahren). Kann die Mittellast vernachlässigt werden oder wenn diese konstant ist, ist die Bereichspaarzählung aussagekräftig für die Bemessung von Strukturen. In allen anderen Fällen ist die Rainflow-Methode vorzuziehen.

5.2.1.4 Verweildauerzählung

Die Verweildauerzählung erfasst die Zeit oder den Zeitanteil, in dem sich die Last auf einem bestimmten Niveau befindet. Für belastete Strukturen ist diese ungeeignet, da die Zeit keine wesentliche Einflussgröße für die Ermüdung ist. Bei zyklisch beanspruchten Bauteilen wie z. B. Zahnrädern ist die Verweildauerzählung aber sehr gut anzuwenden: Die Belastung am einzelnen Zahn ist schwellend (bei einer Lastrichtung), die Anzahl der Lastspiele wird durch die Drehzahl sowie die Zähnezahl vorgegeben. Man nimmt hier an, dass die Änderung der Last langsamer erfolgt als die Dauer des Zahneingriffs. Auf dieser Basis lassen sich Zahnräder (nicht Wellen) mit der Verweildauerzählung sehr gut bemessen.

5.2.1.5 Bereichspaar-Mittelwert-Zählung oder Rainflow-Zählung

Die Verfahren werden in der Literatur z. T. getrennt beschrieben, haben aber im Endeffekt das gleiche Vorgehen bzw. Ergebnis. Es werden, wie in der Bereichspaarzählung, nur geschlossene Schwingspiele gezählt. Zusätzlich wird aber der Mittelwert des geschlossenen Schwingspiels mit festgehalten. Damit hat man einen weiteren Parameter und eine recht genaue Information für das Schädigungsverhalten von Werkstoffen. Die Amplitude und der Mittelwert sind für jede Schwingung bekannt. Verloren gehen auch bei dieser Klassierung Informationen zur Reihenfolge und zur Belastungsfrequenz.

Die Ergebnisse der Bereichspaar-Mittelwert- und der Rainflow-Zählung unterscheiden sich im Prinzip nicht. Unterschiede gibt es unabhängig von der Bezeichnung bei der Behandlung des sogenannten Residuums: Da nur geschlossene Schwingspiele gezählt werden, bleiben meist „halbe" Schwingspiele am Ende der Zählung übrig. Hier gibt es verschiedene Ansätze, mit dieser Problematik umzugehen:

- Das Residuum kann vernachlässigt werden. Dies wird oft bei längeren Messungen gemacht, da der Fehler dann gering ist. Auch wenn das Residuum meist die größte Schwingweite des Kollektivs aufweist.
- Das Residuum wird einfach voll mitgezählt, der Einfluss wird damit überbewertet, da nur halbe und keine geschlossenen Schwingspiele vorliegen.
- Das Residuum wird mit dem Gewicht 0,5 gezählt, die Berücksichtigung erfolgt somit rechnerisch richtig. In der Auswertung führt dies zu nicht ganzzahligen Ergebnissen. Dies ist aber meist nur ein Schönheitsfehler, der bei der Skalierung von Lastkollektiven für verschiedene Einsatzdauern ohnehin auftritt. Beispiel: Ein Lastkollektiv wurde für 1000 Betriebsstunden erstellt. Nun soll das Kollektiv für 1500 h linear extrapoliert werden. Damit ergibt sich in der Häufigkeit direkt der Faktor 1,5 und damit nichtganzzahlige Werte.

5.2.1.6 Verbundverfahren

Bei Verbundverfahren können auch physikalisch unabhängige Größen in einem Kollektiv zusammengeführt werden. Dies ist oft für die Veranschaulichung von Zusammenhängen oder Abhängigkeiten nützlich, z. B. ein Verbundkollektiv von Motordrehzahl und -drehmoment oder Biegebelastung und Torsionsbelastung eines Balkens. Die zugrunde liegenden Verfahren sind meist Verweildauerzählungen bzw. Zeitanteile. Eine direkte Festigkeitsrechnung ist aus den Verbundkollektiven nicht möglich, da die versagensrelevanten Schwingweiten und Mittelwerte nicht erfasst werden.

5.2.2 Generierung von Lastkollektiven

In der Praxis ist die Ermittlung der Lastkollektive oft mit hohem Aufwand verbunden. Komplexere Maschinen, die für unterschiedlichste Einsätze ausgelegt werden müssen, stellen hier eine große Herausforderung dar. Gerade wenn die Steuerung einer Maschine von Menschen erfolgt, ergeben sich nicht unerhebliche Variationen der Lastkollektive.

▶ **Wichtig**
Am Beispiel einer Fahrzeugachse soll dies veranschaulicht werden. Die Auslegung einer Fahrzeugachse sei abhängig von der Variation der Radkräfte sowie der Radmomente. Häufigkeit und Lastniveau variieren abhängig folgender Parameter (kein Anspruch auf Vollständigkeit):

- Streckenprofil (Qualität der Fahrbahn, Steigungen, Gefälle, Kurven etc.)
- Einfluss des Fahrers (angepasste Geschwindigkeit bei schlechter Fahrbahn, „ruppige" Gangwechsel, „scharfes" Anfahren, Geschwindigkeit in Kurven)

- Variierende Beladung des Fahrzeugs
- Verwendete Fahrzeugbereifung (Breitreifen, Zwillingsbereifung etc.)
- Anhängerbetrieb
- Umgebungstemperaturen
- Technischer Zustand der Fahrwerkskomponenten (Spiel durch Verschleiß, Stoßdämpfer mit verminderter Funktion etc.).

Die Liste ließe sich noch fortsetzen, zur Erläuterung der Problematik ist dies jedoch ausreichend. Die Fahrzeughersteller haben im Laufe der Jahre sehr viele Daten zur genannten Problematik gesammelt. Es existieren – abhängig vom Hersteller – verschiedene Prüfstrecken, um z. B. den ersten Punkt abzudecken. Auch mit einer Variation des Fahrers wird meist gerechnet. Es ist aber kaum möglich, alle Betriebsbedingungen durch Lastkollektive abzusichern. Ein typisches Beispiel stellen kleinere Unfälle bzw. die Grenze zum Missbrauch dar:

Welcher Einsatz gilt noch als vertretbar, wo beginnt der Missbrauch eines Fahrzeugs? Ein Hersteller kann ein Fahrzeug nicht für jeden Fall auslegen. Grenzen können sich z. B. durch Straßenverkehrsordnungen, Einsatzgrenzen, die in der Betriebsanleitung dokumentiert sind, o. Ä. ergeben. Auch die Verteilung der Belastungen (nur schlechte Strecken, immer voll beladen, immer mit Anhänger) hat einen Einfluss. Üblicherweise behilft man sich mit einer konservativen Auslegung: Es wird meist ein eher schlechterer Fall (nicht der schlechteste) angenommen.

Damit gibt es zum Teil nicht ein Lastkollektiv für eine Maschine, sondern spezifische Lastkollektive für z. B. unterschiedliche Märkte oder Einsätze. Außerdem wird mit einer Abdeckungswahrscheinlichkeit gerechnet, d. h., ein bestimmtes Lastkollektiv deckt z. B. 99 % der Anwendungen ab. Das fehlende Prozent wird akzeptiert – eventuell ergeben sich hier sogar Garantieforderungen von unzufriedenen Kunden. Es ist aber wirtschaftlicher, eine Struktur für 99 % auszulegen und Garantieforderungen zu begleichen als eine Struktur für 99,9 % auszulegen. Eine Auslegung auf 100 % ist in der Praxis kaum möglich und meist völlig unwirtschaftlich.

Um für diese komplexen Randbedingungen Lastkollektive zu erhalten, gibt es grundsätzlich drei Wege (zusätzlich können Lastkollektive auch durch Vorschriften oder Normen vorgegeben sein):

- Messung der Betriebsbelastungen im Einsatz,
- Synthetische Lastkollektive (Überlegungen aus physikalischen Randbedingungen, auch mit Berücksichtigung von statistischen Verteilungen),
- Simulation der Belastungen, z. B. durch Mehrkörpersimulationen.

In der Praxis werden die genannten Wege oft kombiniert eingesetzt. D. h., es gibt Messungen, die durch physikalische Randbedingungen erweitert werden und zusätzlich können Simulationsergebnisse einfließen. Dies ist sehr stark abhängig von der Branche und dem Produkt. In der Automobilindustrie hat man heute ein so gutes Wissen über die Fahrzeuge schon in der Entwicklungsphase, dass komplette Lastkollektive nur durch Simulationen bereitgestellt werden können.

Es handelt sich bei den Lastkollektiven meist um spezifisches Wissen der Hersteller, die hoher Vertraulichkeit unterliegen („Firmen-Know-How"). Daten dazu werden kaum veröffentlicht.

Ganz anders verhält es sich in Bereichen, in denen Lastannahmen durch Vorschriften etc. vorgegeben sind, z. B. im Baubereich. Hier sind oft Lasten aber auch Berechnungsverfahren z. B. durch Behörden oder Normen festgelegt. Die Festigkeitsrechnung ist damit vereinheitlicht, erfordert aber tiefere Kenntnisse der jeweiligen Vorschriften sowie ihrer Auslegung (z. B. Baustatiker).

Beispiele zu veröffentlichten Lastkollektiven aus dem Bereich der Landtechnik:

- Biller (1983): Traktoren: Antriebselemente,
- Böhler (2001): Traktoren: Geräteschnittstellen sowie Gesamtfahrzeug,
- Cottin und Eichwald (1993): Traktoren: Anhängevorrichtung,
- Cottin und Eichwald (1996): Traktoren: Dreipunktanbau,
- Fröba (1991): Pflugwerkzeuge,
- Mariutti (2003): Traktoren mit Bandlaufwerken,
- Renius (1976): Traktoren: Getriebe, Antriebsachsen,
- Späth (2004): Traktoren: Rumpf, Radlasten, Frontlader, Anhängevorrichtung,
- Vahlensieck (1999): Traktoren: stufenlose Traktorgetriebe.

Sehr viele weitere Hinweise und Literaturstellen zu Lastkollektiven aus verschiedenen Bereichen finden sich unter anderem in Köhler et al. (2012), dort in Kap. 13.

5.2.3   Darstellung von Lastkollektiven

Die übliche Darstellung von Lastkollektiven erfolgt als Histogramm bzw. Balkendiagramm. Meist ist die Häufigkeit nach rechts auf der x-Achse aufgetragen und die Beanspruchung bzw. Belastung nach oben (y-Achse), obwohl der Zusammenhang strenggenommen vertauscht ist. In Abhängigkeit von der Beanspruchung stellt sich eine Lebensdauer ein. Bei zweiparametrigen Zählverfahren werden die Balken meist vertikal angeordnet, die Ablesegenauigkeit ist dabei eingeschränkt. Besser werden zweiparametrige Kollektive in Tabellenform dargestellt, siehe Beispiel im nächsten Abschnitt.

Die Berechnung der Schädigung (siehe Abschn. 5.3) erfolgt immer auf Basis des Histogramms. Die Darstellung muss hierzu immer mittels Balken o. Ä. erfolgen. Bei der Darstellung mittels durchgehender Linie geht die zentrale Information der Klassenbreite verloren und das Kollektiv ist ohne diese Information nicht auswertbar. Einen sehr eleganten Weg stellt für Übersicht und Vergleiche die Summenkurve dar: Hier werden die Klassen – bei der obersten Klasse beginnend – aufsummiert. Diese Darstellung darf (und soll) mittels einer durchgehenden Linie erfolgen und die Klassenbreite fällt durch die Summierung weg. Ausgehend von einer Summenkurve kann auch wieder ein Histogramm erzeugt werden. Es muss nur eine Klassenbreite festgelegt werden.

In der Darstellung der Summenkurve können mit Erfahrung auch spezielle Effekte erkannt werden, z. B. besonders füllige Kollektive oder solche, bei denen zwei getrennte Effekte zum Tragen kommen.

5.3 Schädigungsrechnung

Die Schädigungsrechnung führt die beiden genannten Bereiche Werkstoffwiderstand und Beanspruchung zusammen.

5.3.1 Schadensakkumulationshypothese nach Palmgren–Miner

Die lineare Schadensakkumulationshypothese nach Palmgren–Miner kann logisch unmittelbar erschlossen werden, wenn man die Information der Wöhlerlinie direkt nutzt:

Die Wöhlerlinie sagt aus, wie viele Lastzyklen eine Struktur (oder ein Strukturdetail) bei einer bestimmten Belastung (bzw. Beanspruchung) erträgt. Nimmt man einen beliebigen Punkt der Wöhlerlinie, kann man dies genau ablesen. Belastet man nun eine Struktur z. B. mit einem Viertel der laut Wöhlerlinie ertragbaren Lastspielzahlen, wurde das „Leben" der Struktur nur zu einem Viertel „aufgebraucht". Würde dieselbe Struktur erneut auf dem gleichen Last- bzw. Beanspruchungsniveau beaufschlagt, würde sie nur noch drei Viertel der laut Wöhlerlinie möglichen Lastspiele ertragen. Auf dem gleichen Beanspruchungs- bzw. Lastniveau dürfen somit Anteile der Lebensdauerverringerung (= „Schädigung", einheitenlos) direkt addiert werden. Diese Teilschädigung T_i kann einfach berechnet werden, indem die Anzahl der vorhandenen Zyklen N_i durch die Anzahl der laut Wöhlerlinie zulässigen Zyklen N_{Wi} geteilt wird (jeweils auf einem Last- bzw. Beanspruchungsniveau i).

$$T_i = \frac{N_i}{N_{W_i}} \tag{5.3}$$

Auf einem anderen Lastniveau kann diese Rechnung ebenfalls erfolgen, die ertragbaren Zyklen für dieses Niveau können wiederum direkt aus der Wöhlerlinie entnommen werden. Man führt diese Schädigungsrechnung für alle weiteren auftretenden Niveaus durch. Es ergeben sich damit mehrere Einzelschädigungen. Die lineare Schadensakkumulationshypothese geht nun davon aus, dass die Lebensdauer der Struktur (bzw. des Strukturdetails) durch alle Schädigungen gleichmäßig „verbraucht" wird. Die Einzelschädigungen gehen also linear in die Gesamtschädigung ein: Die Gesamtschädigung D ergibt sich durch einfache Summierung aller Einzelschädigungen.

$$D = \sum_{i=1}^{n} T_i \tag{5.4}$$

Daher der Name lineare Schadensakkumulationshypothese. Diese wurde zuerst vom Schweden Palmgren für Wälzlager veröffentlicht (die Lebensdauerberechnung bei Wälzlagern basiert auf einer Schädigungsrechnung). Später veröffentlichte der Amerikaner Miner den gleichen Zusammenhang. Die Veröffentlichung von Palmgren wurde in der damaligen Forschungswelt nicht sehr bekannt, die von Miner hingegen wurde später oft zitiert. Daher findet man in der Literatur oft den Begriff „Miner-Regel". Richtigerweise sollte der Zusammenhang beiden Forschern zugeschrieben werden, daher die Bezeichnung „lineare Schadensakkumulationshypothese nach Palmgren–Miner".

Neben dieser linearen Hypothese gibt es noch weitere Abwandlungen, hier sollen nur zwei vorgestellt werden, die sich lediglich in der Behandlung der Beanspruchungen unterhalb der Dauerfestigkeit unterscheiden:

- Im ursprünglichen Ansatz ließ Miner die Beanspruchungen unterhalb der Dauerfestigkeit unberücksichtigt (= „Miner Original").
- Werden die Beanspruchungen unterhalb der Dauerfestigkeit für die Schädigungsrechnung voll berücksichtigt spricht man von „Miner Elementar".
- Einen Zwischenweg stellt die sogenannte Erweiterung nach Haibach dar. Hier werden die Beanspruchungen unterhalb der Dauerfestigkeit berücksichtigt, für die Berechnung wird aber eine Wöhlerlinie mit einem höheren Steigungsexponenten verwendet („flachere Linie"): Haibach schlägt hier vor: $m' = 2 \times m - 1$.

Siehe Abb. 5.13.

5.3.2 Schädigungskollektive

Schädigungskollektive können anhand der Lastkollektive und von Wöhlerlinien berechnet werden. Diese zeigen sehr anschaulich, welche Lastanteile besonders zur Schädigung beitragen. Liegen Wöhlerlinien vor, kann direkt die echte Schädigungsverteilung ermittelt werden. Eine genaue Kenntnis der wirklichen Wöhlerlinie eines Strukturdetails ist aber nicht unbedingt nötig. Es kann auch mit fiktiven Wöhlerlinien gerechnet werden. Wichtig ist der Steigungsexponent im Zeitfestigkeitsast. Die absolute Lage der hierbei zugrunde gelegten Wöhlerlinien kann eliminiert werden, wenn die Gesamtschädigung auf eins normiert wird und mit der Methode „Miner Elementar" gerechnet wird – dies erleichtert das Erstellen von Schädigungskollektiven deutlich.

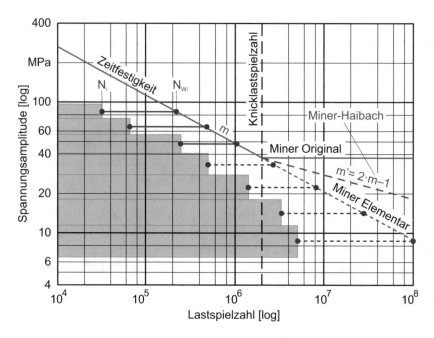

Abb. 5.13 Schädigungsrechnung mittels linearer Schadensakkumulation

Damit lassen sich Unterschiede verschiedener Konstruktionsprinzipien, wie z. B. Schweiß- oder Gusskonstruktion aufgrund der unterschiedlichen Wöhlerlinien (vor allem der Steigungsexponenten im Zeitfestigkeitsast) herausarbeiten.

Die Lage der wesentlichen Schädigungsbereiche kann sich verändern. Gezeigt wird dies am Rainflow-Belastungskollektiv der Radlast an der Hinterachse eines Traktors, siehe Abb. 5.14. Das Kollektiv wird hier als Histogramm abgebildet. Diese Darstellung bietet einen guten Überblick, konkrete Werte sind aber schwierig abzulesen. Die Gesamtheit des Kollektivs ist kaum sichtbar, es gibt meist Bereiche, die durch andere Histogrammsäulen vergedeckt sind.

Um die Lesbarkeit zu steigern, empfiehlt es sich, Rainflow-Kollektive nicht in Histogramm-, sondern in Tabellenform darzustellen. Hier werden die konkreten Werte als Matrix dargestellt. Einzelne Werte können direkt aus der Tabelle abgelesen werden. Die Darstellung der Schwingspielzahl ist hier abgekürzt und erfolgt in wissenschaftlicher Notation. z. B. bedeutet $2,3E+04$ 23.000 Lastspiele. Diese Darstellung erlaubt auch eine einfache und dauerhafte Datensicherung von Rainflow-Kollektiven, Abb. 5.15.

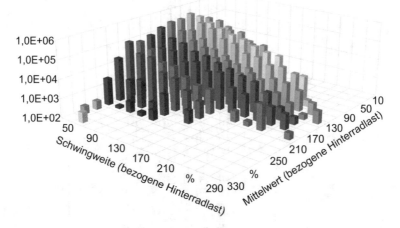

Abb. 5.14 Lastkollektiv der Hinterradlast eines Traktors. Rainflow-Klassierung. Bezugsgröße: Radlast des leeren Traktors. Zahlenwerte gelten für 1000 Betriebsstunden (typisches Einsatzprofil eines Traktors mit 70 kW Leistung, ohne Leerfahrten)

Der Nutzen von Schädigungskollektiven soll am folgenden Beispiel gezeigt werden: Gegenübergestellt wird eine Schweißkonstruktion ohne Spannungsarmglühen sowie eine Gusskonstruktion. In den Abb. 5.16 und 5.17 sind die Schädigungskollektive auf Basis des genannten Lastkollektivs dargestellt. In Abb. 5.16 für eine Schweißkonstruktion, Ermüdungsberechnung ohne Mittelspannungseinfluss (hohe Eigenspannungen, gemäß IIW, Steigungsexponent der Wöhlerlinie 3), in Abb. 5.17 eine Gusskonstruktion mit einer Mittelspannungsempfindlichkeit von 0,15 sowie einem Steigungsexponenten von 5 (Gusskonstruktion mit üblichen Kerben). Die Schädigungskollektive wurden jeweils auf die Gesamtschädigung 1 normiert, d. h., im Diagramm ist jeweils der prozentuale Anteil der einzelnen Lasthäufigkeiten an der Gesamtschädigung dargestellt. Schädigungsanteile unter 0,01 % werden ausgeblendet, Schädigungsanteile über 1 % werden Rot dargestellt.

Der Hauptunterschied der Schädigungskollektive ist auf den anderen Steigungsexponenten der Wöhlerlinie zurückzuführen. Die Mittelspannungsempfindlichkeit verändert das Ergebnis nur wenig.

Mit einem Schädigungskollektiv können besonders relevante Lastspielbereiche sehr gut erkannt werden. Bei diesen ist besondere Sorgfalt hinsichtlich Lastniveau und -häufigkeit erforderlich. So können etwa zusätzliche Messungen für diese Einsatzbereiche durchgeführt werden, um Fehler auszuschließen.

Mittelwert bis [%]	Schwingweite ab [%]												
	30	50	70	90	110	130	150	170	190	210	230	250	270
330		3,6E+02											
310	2,6E+02												
290	2,8E+02												
270	2,6E+03	1,4E+02	3,9E+02	1,7E+02	3,5E+02								
250	2,0E+04	2,0E+03	3,1E+03	3,2E+02	1,4E+03		5,1E+02						
230	1,0E+05	3,3E+04	3,0E+04	7,2E+03	5,4E+03	1,9E+03	8,3E+02						
210	6,9E+04	3,6E+04	1,0E+04	9,5E+03	3,8E+03	2,1E+03	2,0E+03		3,8E+02	1,8E+02	2,3E+03		2,2E+02
190	1,0E+05	2,6E+04	2,8E+04	1,0E+04	1,5E+04	6,9E+03	9,2E+03	2,2E+03	1,6E+03	9,3E+02	9,5E+02	6,7E+02	
170	1,8E+05	6,3E+04	4,8E+04	2,3E+04	2,0E+04	1,2E+04	8,6E+03	5,4E+03	4,2E+03	1,9E+03	4,9E+02	2,5E+02	
150	2,5E+05	1,1E+05	4,4E+04	2,5E+04	9,7E+03	1,0E+04	3,0E+03	4,6E+03	6,0E+02	1,0E+03	4,6E+02	1,9E+02	4,7E+02
130	2,5E+05	7,8E+04	3,7E+04	1,3E+04	8,2E+03	4,0E+03	3,6E+03	1,3E+03	2,2E+03	2,0E+03	1,2E+03	4,2E+02	
110	3,5E+05	1,4E+05	9,2E+04	3,4E+04	2,6E+04	9,9E+03	9,5E+03	4,9E+03	5,9E+03	3,9E+03	2,2E+02		
90	1,7E+05	9,6E+04	6,3E+04	3,8E+04	3,0E+04	1,7E+04	1,1E+04	9,9E+03	1,3E+02	1,7E+03			
70	9,5E+04	8,8E+04	3,3E+04	3,5E+04	1,0E+04	1,2E+04							
50	1,2E+04	2,5E+04	3,2E+03	6,9E+03	1,0E+04	1,9E+02							
30	8,7E+02	9,8E+02											

Abb. 5.15   Lastkollektiv wie Abb. 5.14, hier in einer Tabellendarstellung

Mittelwert bis [%] \ Schwingweite ab [%]	30	50	70	90	110	130	150	170	190	210	230	250	270
330													
310													
290													
270			0,01%		0,03%								
250	0,07%	0,02%	0,09%	0,02%	0,13%		0,12%						
230	0,35%	0,39%	0,85%	0,40%	0,51%	0,29%	0,19%						
210	0,24%	0,43%	0,28%	0,52%	0,36%	0,32%	0,45%		0,17%	0,11%	1,75%		0,27%
190	0,35%	0,31%	0,79%	0,55%	1,43%	1,04%	2,08%	0,71%	0,71%	0,55%	0,72%	0,65%	
170	0,63%	0,75%	1,35%	1,27%	1,90%	1,81%	1,94%	1,74%	1,85%	1,11%	0,37%	0,24%	0,57%
150	0,88%	1,31%	1,24%	1,38%	0,92%	1,51%	0,68%	1,48%	0,26%	0,59%	0,35%	0,18%	
130	0,88%	0,93%	1,04%	0,72%	0,78%	0,60%	0,81%	0,42%	0,97%	1,17%	0,91%	0,41%	
110	1,23%	1,67%	2,60%	1,87%	2,48%	1,50%	2,14%	1,57%	2,60%	2,29%	0,17%		
90	0,60%	1,14%	1,78%	2,09%	2,86%	2,57%	2,48%	3,18%	0,06%	1,00%			
70	0,34%	1,05%	0,93%	1,93%	0,95%	1,81%							
50	0,04%	0,30%	0,09%	0,38%		0,03%							
30		0,01%	0,01%										

Abb. 5.16 Schädigungskollektiv auf Basis des Lastkollektivs in Abb. 5.15. Normierung auf Gesamtschädigungssumme 1. Schweißkonstruktion, Steigungsexponent der Wöhlerlinie 3, kein Mittelspannungseinfluss

Mittelwert bis [%] \ Schwingweite ab [%]	30	50	70	90	110	130	150	170	190	210	230	250	270
330		0,01%											
310													
290													
270							0,49%						
250	0,02%	0,01%	0,09%	0,02%	0,11%		0,59%		0,62%	0,47%	9,33%		
230	0,07%	0,17%	0,66%	0,03%	0,32%	0,69%	1,07%	1,62%	2,00%	1,87%	2,96%	3,11%	1,93%
210	0,04%	0,14%	0,17%	0,49%	0,91%	0,58%	3,77%	3,10%	4,08%	2,97%	1,18%	0,90%	
190	0,04%	0,08%	0,36%	0,48%	0,48%	1,45%	2,74%						
170	0,06%	0,15%	0,48%	0,39%	1,46%	1,96%	0,75%						
150	0,06%	0,20%	0,34%	0,70%	1,51%	1,28%	0,72%	2,08%	0,46%	1,23%	0,87%	0,54%	1,93%
130	0,05%	0,12%	0,23%	0,60%	0,58%	0,41%	1,52%	0,47%	1,34%	1,96%	1,81%	0,95%	
110	0,05%	0,17%	0,46%	0,25%	0,39%	0,81%	1,43%	1,41%	2,88%	3,07%	0,27%		
90	0,02%	0,09%	0,26%	0,52%	0,99%	1,13%		2,31%	0,05%	1,08%			
70		0,07%	0,11%	0,47%	0,92%	0,65%							
50		0,02%	0,02%	0,35%	0,25%								
30				0,06%									

Abb. 5.17 Schädigungskollektiv auf Basis des Lastkollektivs in Abb. 5.15. Normierung jeweils auf Gesamtschädigungssumme 1. Gusskonstruktion, Steigungsexponent der Wöhlerlinie 5, Mittelspannungsempfindlichkeit 0,15

Normenverzeichnis

DVS 3501:2016-04, Betriebsfestigkeitsgerechte Gestaltung von Ausrüstungselementen für den Schiffbau

DVS 1612:2014-08, Gestaltung und Dauerfestigkeitsbewertung von Schweißverbindungen an Stählen im Schienenfahrzeugbau

Literatur

Bargel, H.-J., Schulze, G. (Hrsg.): Werkstoffkunde, 12. Aufl. Springer Vieweg, Wiesbaden (2018)

Biller, R.H.: Ermittlung repräsentativer Lastkollektive für Antriebselemente eines auf einem Modellbetrieb eingesetzten 70-kW-Schleppers. Dissertation Technische Universität Braunschweig 1982. Fortschritt-Berichte VDI-Z. Reihe 14 H. 23. VDI-Verlag, Düsseldorf (1983)

Böhler, H.: Traktormodell zur Simulation der dynamischen Belastungen bei Transportfahrten. Dissertation Technische Universität München 2001. Fortschritt-Berichte VDI, Reihe 14, Nr. 104. VDI-Verlag, Düsseldorf (2001)

Buxbaum, O.: Betriebsfestigkeit – Sichere und wirtschaftliche Bemessung schwingbruchgefährdeter Bauteile. Verlag Stahleisen, Düsseldorf (1992)

Cottin, D., Eichwald, U.: Lastannahmen und Nachweiskonzepte für die Betriebsfestigkeit der Anhängervorrichtung von Traktoren. Abschlussbericht Forschungskuratorium Maschinenbau e. V. Frankfurt/M, Forschungs-Nr. 620701, AIF-Nr. D 340 (1993)

Cottin, D., Eichwald, U.: Lastannahmen und Nachweiskonzepte für die Betriebsfestigkeit des Dreipunktanbaus von Schleppern und von Anbaugeräten – Kurzbericht zum Forschungsthema. Abschlussbericht Forschungskuratorium Maschinenbau e. V. Frankfurt/M, Forschungs-Nr. 071111., AIF-Nr. 10025 B (1996)

Fröba, N.: Belastungskollektive bei Pflugwerkzeugen. Dissertation Technische Universität München 1991. Fortschritt-Berichte VDI, Reihe 14, Nr. 52. VDI-Verlag, Düsseldorf (1991)

Götz, S., Eulitz, K.-G.: Betriebsfestigkeit – Bauteile sicher auslegen! Springer Vieweg, Wiesbaden (2020)

Gross, D., Schnell, W., et al.: Technische Mechanik 2: Elastostatik, 13. Aufl. Springer, Berlin (2017)

Haibach, E.: Betriebsfestigkeit – Verfahren und Daten zur Bauteilberechnung, 3. Aufl. Springer, Berlin (2006)

Hobbacher, A.F. (Hrsg.): Recommendations for Fatigue Design of Welded Joints and Components, 2. Aufl. (IIW document IIW-2259-15). Springer, London (2016)

Kloth, W., Stroppel, T.: Der Energiefluss im Zapfwellenbinder (1) – Versuchsbeschreibung. Tech. Landwirtsch. 13(2):49/50 (1932a)

Kloth, W., Stroppel, T.: Der Energiefluss im Zapfwellenbinder (2) – Energiebilanz/Belastungszeitfunktion. Tech. Landwirtsch. 13(3):66–69 (1932b)

Kloth, W., Stroppel, T.: Der Energiefluss im Zapfwellenbinder (3) – Häufigkeiten von Drehmomentspitzen. Tech. Landwirtsch. 13(4):88–91 (1932c)

Köhler, M., Jenne, S., et al.: Zählverfahren und Lastannahme in der Betriebsfestigkeit. Springer, Berlin (2012)

Kuttner, T., Rohnen, A.: Praxis der Schwingungsmessung – Messtechnik und Schwingungsanalyse mit MATLAB, 2. Aufl. Springer Vieweg, Wiesbaden (2019)

Mariutti, H.: Lastkollektive für die Fahrantriebe von Traktoren mit Bandlaufwerken. Dissertation Technische Universität München 2002. Fortschritt-Berichte VDI Reihe 12, Nr. 530. VDI Verlag, Düsseldorf (2003)

Renius, K.T.: Last- und Fahrgeschwindigkeitskollektive als Dimensionierungsgrundlage für die Fahrgetriebe von Ackerschleppern. Fortschritt-Berichte VDI-Z, Reihe 1, H. 49. VDI-Verlag, Düsseldorf (1976)

Rennert, R., et al.: Rechnerischer Festigkeitsnachweis für Maschinenbauteile, 7. Aufl. VDMA-Verlag, Frankfurt a. M. (2020)

Schütz, W.: Über eine Beziehung zwischen der Lebensdauer bei konstanter zur Lebensdauer bei veränderlicher Beanspruchungsamplitude und ihre Anwendbarkeit auf die Bemessung von Flugzeugbauteilen. Dissertation Technische Universität München (1965)

Späth, R.: Dynamische Kräfte an Standardtraktoren und ihre Wirkungen auf den Rumpf. Dissertation Technische Universität München 2003. Fortschritt-Berichte VDI, Reihe 14, Nr. 115. VDI-Verlag, Düsseldorf (2004)

Vahlensieck, B.: Messung und Anwendung von Lastkollektiven für einen stufenlosen Kettenwandler-Traktorfahrantrieb. Dissertation Technische Universität München 1998. Fortschritt-Berichte VDI, Reihe 12, Nr. 385. VDI-Verlag, Düsseldorf (1999)

Wöhler, A.: Über die Festigkeitsversuche mit Eisen und Stahl. Verlag von Ernst & Korn, Berlin (1870)

Anwendung der Betriebsfestigkeitsrechnung für Schweißverbindungen

6

Will man die Methoden der Betriebsfestigkeit für Schweißverbindungen anwenden, so kann dies in einem ersten Schritt ohne FEM-Methoden erfolgen. Sehr praktisch ist hierzu hauptsächlich der Nennspannungsansatz. Lokale Ansätze, die die örtlichen Spannungsüberhöhungen unterschiedlich detailliert berücksichtigen, werden im nachfolgenden Kapitel erläutert.

Die Nennspannungen können analytisch „von Hand" berechnet oder auch mithilfe von FEM-Modellen vereinfacht ausgelesen werden. Die Lebensdauerberechnung ist meist nicht sehr aufwändig, da es eine Vielzahl von veröffentlichten Wöhlerlinien für Schweißnähte gibt. Hier wird der Katalog von Hobbacher (2016) genutzt, auf den sich aber auch andere Veröffentlichungen stützen (z. B. Rennert et al. 2020). In den folgenden Abschnitten wird dieser Katalog vorgestellt und wichtige Aspekte auch an Beispielen erläutert.

6.1 Nennspannungsansatz: Grundlagen

Wie in den vorangegangenen Kapiteln erläutert, weist die Schweißverbindung eine hohe statische Festigkeit, eine gegenüber dem Grundwerkstoff erhöhte Härte (vor allem bei Baustählen) sowie eine deutlich verringerte Schwingfestigkeit auf.

Die verringerte Schwingfestigkeit begründet sich neben dem metallurgischen Übergang (Grundwerkstoff, Wärmeeinflusszone, Schweißgut) vor allem durch die geometrische Kerbe am Nahtübergang bzw. der Schweißnahtwurzel. Die Schärfe der Kerbe selbst variiert über die Nahtlänge, ist aber auch abhängig vom Schweißprozess, von der Schweißposition oder von der Schweißnahtnachbehandlung. Einen definierten Übergangsradius für eine bestimmte Schweißnaht gibt es damit nicht. Eine Erfassung dieser Parameter auf rein analytischem Weg ist sehr aufwändig und heute noch kaum praktikabel. Durch zahlreiche Schwingversuche an verschiedensten Schweißproben

R. Späth, *Betriebsfeste Konstruktion und Berechnung von Schweißverbindungen*, https://doi.org/10.1007/978-3-658-40789-6_6

wurde durch viele Forscher eine empirische Datenbasis geschaffen. Im genannten Katalog (Hobbacher 2016) sind daraus vereinheitlichte Wöhlerlinien für viele Schweißverbindungen tabellenartig zusammengefasst. Der Katalog wird im Folgenden vereinfacht nur noch IIW-Katalog genannt. Dieser Katalog ist hervorragend geeignet, die Schwingfestigkeit an industriell gefertigten Schweißverbindungen zu berechnen. Übliche Toleranzen, Abweichungen etc. können durch den Katalog selbst oder durch Faktoren berücksichtigt werden.

Im Nennspannungsansatz sind folgende Effekte bereits berücksichtigt:

- Spannungskonzentrationen (aufgrund des dargestellten Details und lokale Spannungskonzentrationen aufgrund der Geometrie der Schweißnaht)
- Fehlstellen der Schweißnähte (gemäß üblichen Produktionsbedingungen)
- Spannungsrichtung
- Schweißeigenspannungen
- metallurgische Eigenschaften
- Zusatzanforderungen: zerstörungsfreie Prüfungen oder Schweißnahtnachbehandlungen.

Diese Vereinheitlichung erleichtert dem Konstrukteur oder Berechner die Anwendung des Tabellenwerks enorm. Zum besseren Verständnis werden die genannten Punkte im Anschluss kurz erläutert.

6.1.1 Spannungskonzentrationen

Die Spannungsüberhöhung z. B. bei einem Kreuzstoß oder einer Aufdopplung ist in den dargestellten Details bereits berücksichtigt. Die Rechnung kann einfach über die Nennspannungen im Blech erfolgen: Bei einfachen Gurten z. B. direkt aus der angreifenden Längskraft und der Querschnittsfläche des Gurtes, auch ohne Berücksichtigung von Schweißnahtüberhöhungen etc. Bei Biegebalken wird über die Spannung der Faser gerechnet, in der die Schweißnaht liegt.

6.1.2 Fehlstellen der Schweißnähte

Hier werden übliche, gute Produktionsbedingungen erwartet. Da bei schwingbelasteten Strukturen meist höhere Anforderungen gestellt werden, wird als Basis hier die Klasse B der ISO 5817 zugrunde gelegt.

6.1.3   Spannungsrichtung

Es gibt Vorgaben für Normal- und für Schubspannungen. Bei Normalspannungen gibt es meist zwei separate Tabelleneinträge, abhängig ob die höchste Beanspruchung quer oder längs zur Schweißnaht anliegt. Oft sind auch die Skizzen der jeweiligen Tabelleneinträge genau zu beachten. Spannungsrichtungen aber auch Risslagen sind im Katalog oft verzeichnet.

6.1.4   Schweißeigenspannungen

Schweißeigenspannungen werden standardmäßig als hoch eingestuft und durch ein Spannungsverhältnis von $R = 0{,}5$ pauschal berücksichtigt. Liegen besondere Randbedingungen vor, wie z. B. niedrige Eigenspannungen durch Test oder Spannungsarmglühen, gibt es Bonusfaktoren.

6.1.5   Metallurgische Eigenschaften

Die Besonderheiten von Schweißverbindungen mit den unterschiedlichen Werkstoffen und Werkstoffzuständen (der Katalog gilt nur für Verbindungen aus gleichartigen Werkstoffen), ausgeprägt in der Wärmeeinflusszone und im Schweißgut selbst, ist in den vorliegenden FAT-Klassen berücksichtigt.

6.1.6   Zusatzanforderungen

Bei einigen Details werden Zusatzanforderungen, wie z. B. eine zerstörungsfreie Prüfung (zfP, engl. Non-Destructive Testing, NDT) oder Schleifen (engl. grinding) verlangt, um eine höhere Festigkeitsklasse zu erreichen. Mit diesen hat der Konstrukteur die Möglichkeit, an wichtige, hochbelastete Schweißverbindungen Zusatzanforderungen zu stellen. Der große Vorteil ist hier, dass der Nutzen dieser Zusatzanforderungen quantitativ bewertet werden kann: Aus einer höheren FAT-Klasse kann direkt über die Wöhlerlinie eine höhere Lebensdauer berechnet werden.

6.2   Nennspannungsansatz: FAT-Klassen

Für die Beschreibung der Wöhlerlinien wurden einige Vereinfachungen vorgenommen, damit der Katalog möglichst universell und übersichtlich in der Anwendung ist. Die Festlegung der Wöhlerlinien ist bewusst vereinheitlicht und damit mit einer Zahl (sogenannte FAT-Klasse) eindeutig definiert. Folgende Wöhlerlinienparameter sind im Katalog festgelegt (es existieren unterschiedliche Wöhlerlinien je nach Werkstoff und Beanspruchungsart):

- Spannungsart (Normal- oder Schubspannung)
- Steigungsexponent der Wöhlerlinie
- Spannungsverhältnis R
- Knicklastspielzahl
- Überlebenswahrscheinlichkeit.

Somit können die Wöhlerlinien allein durch eine Spannungsangabe eindeutig mittels einer sogenannten FAT-Klasse festgelegt werden:

▶   Definition FAT-Klasse für Nennspannungen: Zulässige Schwingweite der Nenn-
      spannungen bei 2 Mio. Lastspielen.

Vorsicht bzw. Umgewöhnung ist im deutschsprachigen Raum nötig: Bei der Definition der FAT-Klasse wird mit der Schwingweite (= Doppelamplitude) gearbeitet, **nicht** mit der Amplitude.

Ein Beispiel für eine Wöhlerlinienschar aus diesem Katalog gibt Abb. 6.1. Dargestellt sind Wöhlerlinien für Schweißverbindungen (und Grundwerkstoff, FAT 160) aus Stahl bei Normalbeanspruchung.

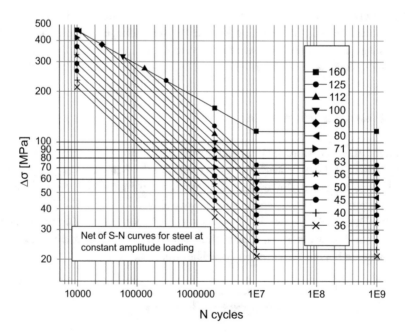

Abb. 6.1 Wöhlerlinienschar (= FAT-Klassen) für Schweißverbindungen aus Stahl, Steigungs-exponent im Zeitfestigkeitsast 3 (außer Grundwerkstoff, FAT 160, hier m = 5), Normalspannungen, Überlebenswahrscheinlichkeit 97,7 %, Spannungsverhältnis R = 0,5. (Nach Hobbacher 2016, mit freundlicher Genehmigung von © Springer International Publishing AG London 2016. All Rights Reserved)

Für diese Wöhlerlinienschar gelten folgende Randbedingungen:

- Aufgrund hoher möglicher Eigenspannungen beim Schweißen wird ein Spannungsverhältnis R von 0,5 zugrunde gelegt.
- Die rechnerische Überlebenswahrscheinlichkeit wird mit 97,7 % angesetzt (Berechnung aus der 50 % Wöhlerlinie mittels einer zweifachen Standardabweichung). Damit muss bei diesen Linien mit einer Ausfallwahrscheinlichkeit von 2,3 % gerechnet werden.
- Die Definition der FAT-Klassen erfolgt wie beschrieben über die zulässige Nennspannungsschwingweite bei 2 Mio. Lastspielen. Bei dieser Lastspielzahl liegen die Marker genau auf dem Spannungsniveau, das der FAT-Klasse entspricht.
- Der Steigungsexponent für die Schweißverbindungen (FAT 36 bis FAT 125) beträgt 3, für den Grundwerkstoff (Baustahl, FAT 160) beträgt er 5.
- Die Knicklastspielzahl liegt bei 10 Mio., im Katalog gibt es neben Wöhlerlinien mit horizontalem Dauerfestigkeitsast (hier dargestellt) auch Wöhlerlinien mit einer ab 10 Mio. Zyklen weiter sinkenden Festigkeit, unter Verwendung eines Steigungsexponenten von 22.

Für Aluminiumwerkstoffe gilt der gleiche Ansatz. Der Grundaufbau der Wöhlerlinienschar ist identisch – es werden aber andere FAT-Klassen definiert.

Alle FAT-Klassen des Nennspannungsansatzes finden sich in Hobbacher (2016). In einer bebilderten Darstellung sind in Verbindung mit Erklärungen den einzelnen Schweißdetails FAT-Klassen für Aluminium und Stahl zugewiesen, Beispiel in Abb. 6.2. In der Originalquelle gibt es für jede Tabellenzeile noch Kommentare und Hinweise. Diese wurden hier aus Platzgründen weggelassen.

Die Arbeit mit dem Tabellenwerk erfordert etwas Übung, manche Details findet man erst auf den zweiten Blick. Es ist besondere Sorgfalt hinsichtlich der Skizzen (Beanspruchungsrichtung, Risslage) sowie bezüglich der Kommentare nötig: Manche FAT-Klassen gelten nur unter Einhaltung aller genannten Voraussetzungen. Dies ist gerade für eine Serienfertigung sehr wichtig.

Anhand einer technischen Zeichnung sowie eventuellen Zusatzanforderungen seitens der Produktion, der Arbeitsvorbereitung oder des Qualitätsmanagements lassen sich die Klassen meist eindeutig zuweisen. Eine enge Zusammenarbeit des Konstrukteurs oder Berechners mit den genannten Unternehmenseinheiten ist für eine sichere Schwingfestigkeitsbewertung sehr wichtig.

▶ **Allgemeine Faustregel**
Für querbelastete Nähte guter Qualität (z. B. Klasse B nach ISO 5817) ohne weitere Maßnahmen (Schweißnahtnachbehandlung, zfP o. Ä.) können vereinfacht meist folgende FAT-Klassen angenommen werden:
Versagen am **Nahtübergang: FAT 71**
Versagen an der **Nahtwurzel: FAT 36.**

No.	Structural Detail	Description (St. = steel; Al. = aluminium)	FAT St.	FAT Al.
200	**Butt welds, transverse loaded**			
211		Transverse loaded butt weld (X-groove or V-groove) ground flush to plate, 100 % NDT	112	45
212		Transverse butt weld made in shop in flat position, NDT weld reinforcement <0.1 A thickness	90	36
213		Transverse butt weld not satisfying conditions of 212, NDT Al.: Butt weld with toe angle ≤ 50° Butt welds with toe angle > 50°	80	 32 25
214		Transverse butt weld, welded on non-fusible temporary backing, root crack	80	28
215		Transverse butt weld on permanent backing bar	71	25
216		Transverse butt welds welded from one side without backing bar, full penetration Root checked by appropriate NDT including visual inspection NDT without visual inspection No NDT	 71 63 36	 28 20 12

Abb. 6.2 Ausschnitt aus der Tabelle der FAT-Klassen am Beispiel einiger Stumpfstöße mit Anforderungen und Zuweisung von FAT-Klassen für Stahl und Aluminium. (Nach Hobbacher 2016, mit freundlicher Genehmigung von © Springer International Publishing AG London 2016. All Rights Reserved)

Dies gilt allgemein nur, wenn die Nähte querschnittsdeckend sind. Bei der Berechnung der Nennspannung von Kehlnähten gegen ein Wurzelversagen ist als Sonderfall der Nahtquerschnitt und nicht der Blechquerschnitt heranzuziehen. Bei Berechnung am Nahtübergang ist aber der Blechquerschnitt zu verwenden.

6.3   Praktische Anwendung des FAT-Klassenkatalogs

Ein einfaches erstes Beispiel an einer Stumpfnahtverbindung soll die Anwendung des Katalogs zeigen.

▶   **Anwendung des FAT-Klassenkatalogs, Beispiel 6.1**
Auswahl einer Schweißnaht anhand einer vorliegenden Beanspruchung

Zwei Gurtbleche (gleiche Wandstärke) eines Trägers aus Baustahl sollen durch eine Stumpfnaht (Beanspruchung quer zur Naht) verbunden werden. Die Schwingbeanspruchungsamplitude beträgt 40 MPa, die Lebensdaueranforderung 2 Mio. Schwingspiele. Welche Schweißnaht ist für eine sichere Dimensionierung auszuwählen? Zusätzliche Faktoren (Sicherheiten, Wandstärkeneinfluss) sollen hier nicht berücksichtigt werden. Es sind die Strukturdetails aus Abb. 6.2 zu verwenden.

Lösung:
Durch die Lebensdaueranforderung von 2 Mio. Lastspielen kann hier direkt die FAT-Klasse genutzt werden, eine Umrechnung von Beanspruchung bzw. Lastspielzahl über die Wöhlerlinie ist nicht nötig. Die Beanspruchungsamplitude von 40 MPa bedeutet eine Schwingweite von 80 MPa. Damit ist mindestens eine FAT 80 vorzusehen. Es können die laufenden Nummern 213 oder 214 gewählt werden. Bei 213 liegt eine X-Naht vor, zur Absicherung ist eine zerstörungsfreie Prüfung (zfP, z. B. Ultraschall) vorgeschrieben. Ist die Schweißnaht nicht von beiden Seiten zugänglich, kann auch eine V-Naht mit Schweißbadsicherung vorgesehen werden. Bei der Schweißbadsicherung darf es sich nicht um ein Blech handeln (das wäre Nr. 215). Es ist eine nicht schmelzende (z. B. keramische) Schweißbadsicherung zu verwenden. Mit dieser Klasse ist nur die Wurzel abgesichert (siehe Skizze und Text!), für die Absicherung gegen einen Riss am Nahtübergang (bzw. Bindefehler) sind hier trotzdem die Anforderungen aus 213 (zfP) einzuhalten.
Ausführungsvorgaben (Beispiel, jeweils Klasse B nach ISO 5817):
Bei Schweißung von zwei Seiten: X-Naht mit Ultraschallprüfung.
Bei einseitiger Naht: V-Naht mit keramischer Badsicherung und Ultraschallprüfung.
Jeweils querschnittsdeckend (KEINE Y-Naht) und voll durchgeschweißt. Die Klassen 211 und 212 sind hier nicht nötig, die Klassen 215 und 216 sind für diese Beanspruchung nicht ausreichend.

Ein besonderer Vorteil des Katalogs ist sein Nutzen im Umkehrschluss: Der Konstrukteur kann anhand der unterschiedlichen Klassen erkennen, welchen Einfluss andere Nahtarten, Schweißnahtnachbehandlungsverfahren oder besondere Qualitätsanforderungen auf die zulässige Beanspruchung einer Schweißverbindung haben. Er kann diesen Nutzen auch klar quantifizieren (anderer Wert der FAT-Klasse) und über die Wöhlerliniengleichung den rechnerischen Einfluss auf die Lebensdauer ermitteln. Gerade bei der Bearbeitung von Schadensfällen und der Entwicklung von Abhilfemaßnahmen ist dieses Vorgehen einfach und leistungsstark: In diesen Fällen ist keine neue Betriebsfestigkeitsberechnung nötig, das Verhältnis der FAT-Klassen kann über den Steigungsexponenten der Wöhlerlinie direkt in eine Lebensdaueränderung umgerechnet werden.

Anhand eines weiteren Beispiels soll dieses Vorgehen erläutert werden. Zur Bearbeitung genügt ein weiterer Ausschnitt der Tabelle der FAT-Klassen aus Hobbacher (2016), siehe Abb. 6.3.

No.	Structural Detail	Description (St. = steel; Al. = aluminium)	FAT St.	FAT Al.
411		Cruciform joint or T-joint, K-butt welds, full penetration, weld toes ground, potential failure from weld toe	80	28
		Single sided T-joints	90	32
412		Cruciform joint or T-joint, K-butt welds, full penetration, potential failure from weld toe	71	25
		Single sided T-joints	80	28
413		Cruciform joint or T-joint, fillet welds or partial penetration K-butt welds, potential failure from weld toe	63	22
		Single sided T-joints	71	25
414		Cruciform joint or T-joint, fillet welds or partial penetration K-butt welds including toe ground joints, potential failure from weld root	36	12
		For a/t <=1/3	40	14
415		Cruciform joint or T-joint, single-sided arc or laser beam welded V-butt weld, full penetration, potential failure from weld toe. Full penetration checked by inspection of root	71	25
		If root is not inspected, then root crack	36	12

Abb. 6.3 Ausschnitt aus der Tabelle der FAT-Klassen am Beispiel einiger Kreuzstöße mit Anforderungen und Zuweisung von FAT-Klassen für Stahl und Aluminium. (Adaptiert nach Hobbacher 2016, mit freundlicher Genehmigung von © Springer International Publishing AG London 2016. All Rights Reserved)

▶ **Anwendung des FAT-Klassenkatalogs, Beispiel 6.2**
  Wurzelrisse an einem schwingbeanspruchten T-Stoß
  Die Befestigung eines Querholms an einem Fahrzeugrahmen ist zu untersuchen. Als Querholm dienen Winkelprofile aus Baustahl, die stirnseitig auf ein Grundblech am Rahmen geschweißt werden. Der Anschluss erfolgt in der laufenden Serie mit einer Doppelkehlnaht (umlaufende Kehlnaht um das gesamte Winkelprofil).
  • Wandstärke des Winkelprofils: 8 mm
  • a-Maß der Kehlnähte: 4 mm.

  Aufgrund der großen Vibrationen am Querholm werden die Schweißnähte schwingend beansprucht. Im Einsatz bei verschiedenen Kunden zeigen sich schon nach relativ kurzer Zeit (ca. 1300 bis 1600 Betriebsstunden) Wurzelrisse in der Kehlnaht. Die Ziellebensdauer des Bauteils sollte 20.000 Betriebsstunden betragen.

Informationen zu Belastungen und Spannungen liegen nicht vor. Man darf davon ausgehen, dass das Lastkollektiv unverändert bleibt.

Welche Maßnahme kann gewählt werden, um den Anschluss sicher für die Ziellebensdauer zu dimensionieren?

Lösung:

Anhand des Katalogs (Abb. 6.3) kann die bestehende Lösung eindeutig der laufenden Nummer 414 zugeordnet werden. Für die Kehlnähte ergibt sich damit (Stahl) eine FAT-Klasse von 36 (Bedingung a/t ≤ 1/3 ist nicht erfüllt). Eine Doppelkehlnaht mit a-Maß 4 mm ist bei 8 mm Blechdicke genau querschnittsdeckend. Um die Lebensdauer von 20.000 Betriebsstunden zu erreichen, ist ausgehend von 1300 Betriebsstunden (erste Risse bei einem Kunden) eine Erhöhung der Lebensdauer um einen Faktor von ca. 15,4 nötig. Mit der Wöhlerliniengleichung lässt sich mit dem Exponenten 3 (Standard für normalbeanspruchte Schweißverbindungen) ein Faktor der FAT-Klasse von ca. 2,5 berechnen. Damit ist mindestens eine FAT-Klasse 90 nötig, um rechnerisch die Ziellebensdauer bei gleicher Beanspruchung zu erreichen.

Dies wird nur durch die laufende Nummer 411 erreicht: Die Winkelprofile müssen vor der Schweißung umlaufend angefast werden, damit eine vollständige Durchschweißung mittels einer K-Naht erreicht werden kann. Außerdem sind die Nahtübergänge nach dem Schweißen zu schleifen. Die Zusatzanforderung T-Stoß ist hier erfüllt (damit ist Kantenversatz ausgeschlossen). Unter Einhaltung der genannten Maßnahmen kann dieser Schweißnaht eine FAT-Klasse von 90 zugewiesen werden.

Die rechnerische Lebensdauer sollte damit (ausgehend vom frühesten Schaden bei 1300 Betriebsstunden) nunmehr 20.312,5 Betriebsstunden betragen, siehe Gleichung 6.1:

$$L_h = 1300\,h \cdot \left(\frac{90}{36}\right)^3 = 20.312,5\,h \tag{6.1}$$

6.4   Anwendungsbereich und Einflussfaktoren bei der Anwendung der Nennspannungsmethode

Die genannten FAT-Klassen können nicht jede Schweißverbindung abdecken, es gibt Anwendungsgrenzen, die nachfolgend beschrieben werden. Wie bei der allgemeinen Berechnung der Betriebsfestigkeit, gibt es auch bei Schweißverbindungen Einflussfaktoren, die die Lebensdauer beeinflussen. Die quantitative Berücksichtigung dieser Faktoren stützt sich hier auf die Angaben in Hobbacher (2016). Folgende Einflussfaktoren sind zu berücksichtigen:

- Werkstoff,
- Beanspruchungsart,
- Spannungsverhältnis R,
- Maßnahmen zur Qualitätssicherung,
- Schweißnahtnachbehandlung,
- Wandstärke,
- Temperatur,
- Korrosion.

Der Einfluss der Faktoren wird nachfolgend erläutert und quantifiziert.

6.4.1 Werkstoff

Die gezeigten FAT-Klassen gelten für allgemeine Baustähle, aber auch für Feinkornbaustähle bis zu einer Streckgrenze von 960 MPa. Auch austenitische Cr-Ni-Stähle, die üblicherweise für geschweißte Strukturen eingesetzt werden, sind hierdurch abgedeckt. Für Aluminium sind andere FAT-Klassen angegeben (siehe z. B. Tabellenwerte der Abb. 6.2 und 6.3). Die Werte gelten für Aluminiumlegierungen, die üblicherweise für geschweißte Strukturen eingesetzt werden. Die Rechenmethoden gelten nur für Nennspannungen unterhalb der Streckgrenze – das spezielle Verhalten im Bereich der Kurzzeitfestigkeit (Low-Cycle-Fatigue) unter ca. 10.000 bis 50.000 Lastspielen ist hier nicht abgedeckt.

6.4.2 Beanspruchungsart

Wie schon bei den FAT-Klassen erläutert, gibt es unterschiedliche Klassen für unterschiedliche Beanspruchungen. Bei geschweißten Strukturen dominieren meist Normalspannungen, die Mehrzahl der FAT-Klassen bezieht sich auf diese. Der Steigungsexponent ist $m = 3$.

Zusätzlich gibt es für die beiden Werkstoffe Stahl und Aluminium je zwei FAT-Klassen für Schubbeanspruchung (z. B. für Torsionsrohre). Hier wird grob in durchgeschweißte und nicht durchgeschweißte Nähte unterschieden. Der Steigungsexponent der Wöhlerlinien für Schub beträgt für beide Werkstoffe $m = 5$.

6.4.3 Spannungsverhältnis R

Da bei geschweißten Strukturen hohe Eigenspannungen vorliegen können, werden diese vereinfacht angesetzt. Dies erfolgt durch ein Spannungsverhältnis $R = 0{,}5$. Das bedeutet hoher Zugschwellbereich. Unter diesen Randbedingungen ist für Schweißnähte keine Mittelspannungsanpassung, z. B. über die Mittelspannungsempfindlichkeit, vorzunehmen. Für nachweislich geringe oder mittlere Eigenspannungen sieht Hobbacher (2016) einen Bonusfaktor vor: Abhängig vom vorliegenden Lastverhältnis darf die FAT-Klasse mit diesem Bonusfaktor erhöht werden:

- Der Standardfall (hohe Eigenspannungen) ergibt einen Bonusfaktor von eins.
- Bei nachweislich geringen Eigenspannungen (z. B. Spannungsarmglühen) steigt der Bonusfaktor linear an: Von 1 bei einem Beanspruchungsverhältnis von 0,5 auf 1,6 bei $R = -1$ (wechselnde Beanspruchung).
- Bei mittleren Eigenspannungen (z. B. einfache dünnwandige Strukturen mit kurzen Nähten) beginnt der Bonusfaktor bei $R = -0,25$ mit 1 und steigt bis zur wechselnden Beanspruchung linear auf 1,3.

6.4.4   Maßnahmen zur Qualitätssicherung

Einzelne Maßnahmen zur Qualitätssicherung (z. B. Sichtprüfung, zerstörungsfreie Prüfung etc.) fließen nicht pauschal in alle Kategorien ein, sondern werden abhängig von der jeweiligen Einstufung im Katalog vorgeschrieben. Dies ist die Stärke des verwendeten Katalogs: Typische in der realen Produktion angewandte Verfahren können in die Berechnung eingehen und quantifiziert werden. Eventuelle Vorgaben in den jeweiligen Beschreibungen sind strikt einzuhalten, da sonst eine sichere Bewertung nicht möglich ist.

6.4.5   Schweißnahtnachbehandlung

Die verschiedenen Verfahren zur Schweißnahtnachbehandlung haben gerade in der neueren Ausgabe von Hobbacher (2016) ein größeres Gewicht erhalten. Vor allem Maßnahmen zum Einbringen von Druckeigenspannungen wurden in den letzten Jahren wieder intensiver untersucht und positiv bewertet. Grundsätzlich können zwei Methoden zur Schwingfestigkeitssteigerung der Naht unterschieden werden:

- Veränderung der Geometrie der Naht oder des Nahtübergangs,
- Verändern der Eigenspannungen: Spannungsarmglühen oder gezieltes Einbringen von lokalen Druckeigenspannungen.

Die meisten Schweißnahtnachbehandlungsverfahren wie Schleifen, WIG-Nachbehandlung, Hämmern oder Nadeln lassen einen Bonusfaktor von mindestens 1,3 für den Nahtübergang zu. Hierbei wird der Nutzen bei höheren FAT-Klassen meist gedeckelt. Wichtig ist, dass die genannten Verfahren nur an zugänglichen Stellen hilfreich sind. Treten z. B. Wurzelrisse an einer Kehlnaht auf, so können die genannten Methoden nicht helfen. Allein das Spannungsarmglühen kann je nach Lastverhältnis auch an der Wurzel von Kehlnähten wirken.

Verfahren zum Aufbringen von Druckeigenspannungen helfen interessanterweise bei höherfesten Stählen mehr als bei niederfesten. Dies begründet sich durch das Niveau der Eigenspannungen: Diese können bis zur Fließgrenze des jeweiligen Werkstoffs reichen – höherfeste Werkstoffe können damit auch höhere Druckeigenspannungen aufbauen.

6.4.6 Wandstärke

Die dargestellten FAT-Klassen gelten pauschal bis zu einer Wandstärke von 25 mm. Bei größeren Wandstärken muss ein Malusfaktor berücksichtigt werden, bei kleineren Wandstärken kann ein Bonusfaktor einfließen. Letzterer ist durch Versuche zu bestätigen.

6.4.7 Temperatur

Hohe Temperaturen führen zu einer verminderten Festigkeit. Vereinfacht kann dies für Stahl ab 100 °C durch einen Faktor berücksichtigt werden, der z. B. bei 600 °C noch 40 % der ursprünglichen Festigkeit zulässt (Hobbacher 2016).

Bei Aluminium kann es bei verschiedenen Legierungen zu deutlich unterschiedlichen Werkstoffveränderungen kommen. Pauschal gelten Einsatztemperaturen bis 70 °C als unkritisch, jedoch sollten bei Temperaturen darüber je nach verwendeter Legierung diese Veränderungen durch Versuche oder Werkstoffdaten abgesichert werden.

6.4.8 Korrosion

Schwingungsrisskorrosion ist ein kritischer Versagensmechanismus, vor dem auch austenitische Stähle nicht gefeit sind. Auch bei guten Schweißverbindungen sind Risse nicht ganz auszuschließen. Unter korrosiven Bedingungen wird das Risswachstum deutlich begünstigt. Selbst bei üblichem Schutz vor Korrosion durch Anstriche etc. ist für ferritische Stähle z. B. laut Hobbacher (2016) für Marineanwendungen nur 70 % der Schwingfestigkeit anzusetzen. Auch stellt sich unter diesen Bedingungen kaum eine stabile Dauerfestigkeit ein. Es ist daher ohne Abknickpunkt, d. h. mit zunehmender Abnahme der Festigkeit über der Lastspielzahl zu rechnen.

Normenverzeichnis

DIN EN ISO 5817:2014-06, Schweißen – Schmelzschweißverbindungen an Stahl, Nickel, Titan und deren Legierungen (ohne Strahlschweißen) – Bewertungsgruppen von Unregelmäßigkeiten (ISO 5817:2014); Deutsche Fassung EN ISO 5817:2014

Literatur

Hobbacher, A.F. (Hrsg.): Recommendations for Fatigue Design of Welded Joints and Components, 2. Aufl. (IIW document IIW-2259-15). Springer, London (2016)

Rennert, et al.: Rechnerischer Festigkeitsnachweis für Maschinenbauteile (FKM-Richtlinie), 7. Aufl. VDMA-Verlag, Frankfurt a. M. (2020)

Die Berechnung von Strukturen hinsichtlich der Betriebsfestigkeit mit der Finite-Elemente-Methode hat sich heute zu einem Standard entwickelt. Für nichtgeschweißte Strukturen können die Spannungen z. B. in einem Kerbgrund sehr genau ermittelt werden. Die Kerbradien sind aus Zeichnungen oder CAD-Modellen bekannt, die Werkstoffeigenschaften ebenfalls. Der Spannungsgradient in die Tiefe einer Kerbe kann mit FEM berechnet werden. Damit ist eine Berücksichtigung der plastischen Stützzahl möglich. Anschaulich wird dies und die Anwendung der Betriebsfestigkeit mit FEM z. B. in Einbock und Mailänder (2019) erläutert. Schweißverbindungen werden dort nicht abgehandelt. Eine sehr tiefe Abhandlung zur Berechnung von Schweißverbindungen mit FEM findet sich auch in Radaj et al. 2006.

Schweißverbindungen haben in der Realität keine geometrisch klar bestimmte Form. Zwar lassen sich typische Abmessungen von Schweißnähten festlegen (z. B. a-Maße, Nahtüberwölbungen etc.), die reale Geometrie variiert aber selbst innerhalb einer Naht erheblich über der Länge. Für die Modellierung von Schweißnähten in FEM-Berechnungsumgebungen stellt dies eine erhebliche Problematik dar. Dies begründet sich vor allem in der Wichtigkeit der realen Nahtgeometrie mit ihren Nahtübergangsradien und -winkeln für das Ermüdungsverhalten. Auch die Werkstoffeigenschaften in einer Schweißnaht sowie in ihrer Umgebung weisen hohe Unterschiede und Gradienten auf. Es liegen bereits vor dem Schweißen zwei Werkstoffe vor: Grund- und Schweißzusatzwerkstoff. Im Wandbereich werden diese zusätzlich vermischt. Durch die hohen Abkühlraten kommt es zu unterschiedlichsten Gefüge-Zuständen und auch Eigenspannungszuständen. Eine einfache Modellierung dieser komplexen geometrischen und werkstofflichen Realität gestaltet sich außerordentlich schwierig.

Bei vielen Methoden wird daher auf eine Modellierung der Naht selbst bewusst verzichtet. Dies erlaubt zum einen schlankere Modelle (weniger Elemente und damit Freiheitsgrade) und zum anderen wird die Problematik der Modellierung der Naht selbst einfach umgangen. Modelle, bei denen die Naht selbst nicht abgebildet wird, müssen die spezifischen Festigkeitskennwerte der Schweißverbindung durch äußere Parameter berücksichtigen. Dies ist besonders kritisch bei nicht querschnittsdeckenden Nähten (z. B. dünnen Kehlnähten) – die Nennspannung im Blech unterscheidet sich dann deutlich von der Nennspannung in der Schweißnaht.

In der Forschung, aber auch der industriellen Anwendung, gibt es eine Vielzahl von Ansätzen, diese sind teilweise spezifisch für Branchen oder Firmen. In diesem Rahmen können nicht alle Vorgehensweisen vorgestellt werden. Die Beschränkung zielt hier auf weit verbreitete oder aus Sicht des Autors leistungsfähige Berechnungsmethoden. Die Auswahl ist selbstverständlich subjektiv.

Es werden folgende Ansätze erläutert:

- Nennspannungsansatz
- Strukturspannungsansatz
- Kerbspannungsansatz
- 3D-Scan-Geometrie-Ansatz mit realen Kerbspannungen.

Bevor detaillierter auf die Ansätze eingegangen wird, sollen die dort verwendeten Spannungen näher betrachtet werden.

Nennspannungen berücksichtigen die Geometrie der Schweißnahtumgebung, aber nicht die Spannungserhöhung durch die Schweißnaht selbst. Im einfachen Fall eines Zuggurtes können diese als Kraft durch Fläche berechnet werden. Sind geometrische äußere Kerben (Steifigkeitssprünge, Einschnitte, Öffnungen in Blechen etc.) vorhanden, so sind diese entsprechend zu berücksichtigen. Bei den FAT-Klassen, die den Nahtübergang betrachten, sind die Nennspannungen im Blech für die Berechnung heranzuziehen. Bei FAT-Klassen, die für die Berechnung der Nahtwurzel herangezogen werden, sind die Nennspannungen in der Schweißnaht zu verwenden. Im Katalog der IIW Recommendations (Hobbacher 2016) ist dieser Sonderfall jeweils als Bemerkung angegeben.

Strukturspannungen gehen etwas mehr ins Detail und berücksichtigen auch lokale Spannungserhöhungen. In der praktischen Anwendung können Strukturspannungen bei Schweißnähten nicht direkt gemessen oder mittels FEM berechnet werden. Für die Erfassung der lokalen Spannung an scharfen Nahtübergängen sind DMS ungeeignet, diese Stellen können auch nicht vereinfacht per FEM modelliert werden. Dies ist nur unter Verwendung der realen Geometrie möglich (siehe bei „realen Kerbspannungen"). Daher wird üblicherweise ausgehend von definierten Stützpunkten an der Blechoberfläche auf den Nahtübergang extrapoliert. Mit dieser Methode lassen sich Nahtwurzeln nicht berechnen, man muss z. B. auf den Nennspannungsansatz ausweichen.

Kerbspannungen sind lokale Spannungen in der Kerbe des Nahtübergangs oder der Wurzel. Auch bei diesem Ansatz wird ein rein linear-elastisches Materialverhalten zugrunde gelegt – wohl wissend, dass es z. B. in scharfen Nahtübergangsradien zu lokalem Fließen kommen kann. Da der genaue Radius des Nahtübergangs nicht bekannt ist, behilft man sich bei Schweißnähten mit einem Ersatzradius, für mittlere Blechstärken beträgt dieser z. B. 1 mm. In den FEM-Modellen müssen diese Radien detailliert modelliert und vernetzt werden.

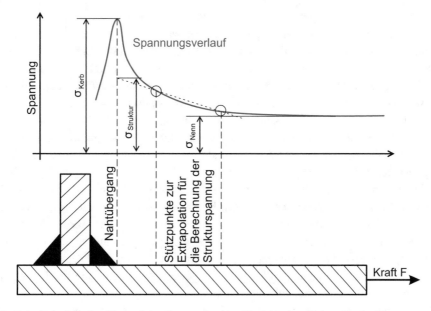

Abb. 7.1 Beispielhafter Verlauf der Spannungen im Umfeld einer Schweißnaht: Nennspannung, Strukturspannung und Kerbspannung

Bei der Betrachtung der **realen Kerbspannungen** kann die oben genannte Verein-fachung (Verwendung eines einheitlichen Radius) entfallen. Da die wahre Nahtgeo-metrie durch einen 3D-Scan bekannt ist, wird auch diese für die weitere Modellierung und Berechnung verwendet. Damit kann erstmals die wahre geometrische Spannung am Nahtübergang berechnet werden. Bisher hat sich auch hier die Anwendung von rein linear-elastischem Materialverhalten bewährt. Welche Vorteile sich durch Verwendung nichtlinearer Materialmodelle ergeben, ist aktuell Inhalt von Forschungsarbeiten. Eine große Herausforderung sind hierbei vor allem die starken Gradienten im Materialver-halten im Bereich der Schweißnaht: Die Härte und damit die Festigkeit variieren inner-halb weniger Millimeter erheblich – die genaue Kenntnis dieser Werkstoffdaten ist aber für eine aussagekräftige Modellierung unabdingbar.

Die einzelnen Spannungswerte sind beispielhaft in Abb. 7.1 dargestellt.

Die Anwendung der einzelnen Ansätze für die praktische Betriebsfestigkeitsrechnung von Schweißverbindungen per FEM wird im Folgenden erläutert.

7.1 Nennspannungsansatz

Der Nennspannungsansatz arbeitet, wie schon im vorherigen Kapitel erläutert, mit globalen Nennspannungen ohne Berücksichtigung der Naht. Diese können für einfache Geometrien und Belastungen „von Hand" berechnet werden. Daher scheint der Ansatz im ersten Moment weniger für die Finite-Elemente-Methode geeignet, da per FEM lokale und keine globalen Spannungen berechnet werden. Der Vorteil liegt darin, dass für diesen Ansatz keine sehr detaillierten FEM-Modelle benötigt werden. Es können auch größere Schweißstrukturen gut mit dem Nennspannungsansatz berechnet werden. Die Vorteile einer Modellierung mit FEM bleiben trotzdem erhalten: Auch komplexe Geometrien und Belastungen, parallele Lastpfade, statisch überbestimmte Lastfälle und auch unterschiedliche Werkstoffe können sehr gut mittels FEM berechnet werden. Die Modellierungsmethoden sind in vielen Unternehmen bereits gut etabliert. Es fehlt oft nur eine Zuweisung der FAT-Klassen und eine Auswertung der Ergebnisse mit den Methoden der Betriebsfestigkeit.

Die Zuordnung von FAT-Klassen für die verschiedenen Nähte inklusive möglicher Schweißnahtnachbehandlungsverfahren erfolgt analog zu Hauptkapitel 6 „Anwendung der Betriebsfestigkeitsrechnung für Schweißverbindungen". Die verwendeten FAT-Klassen sind identisch. Daher ist dieser Berechnungsansatz einfach und eine ideale Ergänzung zu Spannungsberechnungen „von Hand". Werte, FAT-Klassen, Einfluss-faktoren etc. können in beiden Fällen gleich angewendet werden – nur die Berechnung der Spannung erfolgt mit anderen Werkzeugen.

Die Ermittlung der Nennspannung aus einem FEM-Modell ist nicht immer einfach. Meist sind die Spannungen gegenüber einer Handrechnung überhöht. Lokale Effekte durch Versteifungen o. Ä. werden im FEM-Modell abgebildet. Am Beispiel eines einfachen Kreuzstoßes soll das Vorgehen bei FEM mittels Nennspannungskonzept gezeigt werden. Abb. 7.2 zeigt das FEM-Modell eines Kreuzstoßes (links) und das Ergebnis der Berechnung (rechts) bei einer Längsbelastung, die 100 MPa Nennspannung ergibt.

Man erkennt eine Spannungserhöhung in unmittelbarer Nähe zum Blechstoß (die Schweißverbindung selbst wird bei diesem Ansatz nicht modelliert), vor allem am Rand. Dies ergibt sich aus der Querdehnungsbehinderung: Das Längsblech will sich ein-schnüren, das Querblech behindert dies. Die Richtung der ersten Hauptspannung ist in diesen höherbeanspruchten Bereichen am Rand (im Bild rot) leicht nach innen geneigt. Betrachtet man die Spannungswerte der ersten Hauptspannung in der ersten Reihe ober-halb des Querblechs, so variiert diese von 97 MPa (Mitte) bis 110 MPa (Rand). Diese Spannungsvariation ist, wenn auch gering, nicht Bestandteil des Nennspannungs-konzepts und würde bei Verwendung des Randwertes zu einer konservativen Auslegung führen. Es handelt sich hier nicht um Nennspannungen, sondern um lokale Spannungen.

Um trotzdem aus einem FEM-Modell Nennspannungen auszulesen, werden für die Auswertung üblicherweise nicht die Werte direkt an der Blechverbindung genutzt, sondern in einem gewissen Abstand. Hierzu gibt es verschiedene Möglichkeiten der Festlegung:

- Anzahl der Elementreihen (z. B. 2. Reihe neben der Schweißnaht)
- Fest definierter Abstand (z. B. in mm)
- Abstand im Verhältnis zur Blechdicke.

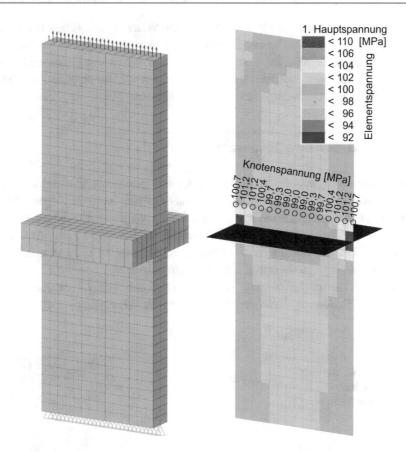

Abb. 7.2 FEM-Modell und Rechenergebnis für ein einfaches Modell eines Kreuzstoßes. Links Darstellung des Schalenmodells mit überlagerter Wandstärke (hier je 15 mm), Einspannung (Dreiecke unten) und Belastung (Pfeile oben); Rechts Verteilung der 1. Hauptspannung im Blech (Nennspannung 100 MPa), Farbdarstellung: Elementspannungen. Zusätzlich Angabe der Knotenspannungen an den eingekreisten Knoten

Ein weiterer Schritt ist das Verwenden von Knotenspannungen statt Elementspannungen: In FEM-Modellen wird die Spannung im Element berechnet, bei Knotenspannungen wird der Mittelwert der umliegenden Elemente gebildet. Durch diese Mittelung werden einzelne erhöhte Spannungswerte abgemildert. Numerische Effekte der Finite-Elemente-Methode werden unterdrückt.

Als praktische Vorgabe hat sich bewährt, die Spannung in der zweiten Element-reihe zu nutzen, bei Verwendung von Elementspannungen werden lokale Spannungs-erhöhungen etwas deutlicher hervorgehoben. Im Beispiel in Abb. 7.1 variieren die Elementspannungen in der zweiten Reihe von 98,5 bis 102,5 MPa. Bei Verwendung von

Knotenspannungen werden lokale Spitzen durch die Mittelung ausgeglichen. Im Beispiel in Abb. 7.1 variieren die Knotenspannungen von 99,0 bis 101,2 MPa.

Diese Unterschiede sind bei realistischer Betrachtung in der Praxis nicht wesentlich. Es wird empfohlen, innerhalb eines Unternehmens oder für ähnliche Anwendungen immer die gleichen Berechnungsmethoden zu verwenden.

7.2   Strukturspannungsansatz

Der Strukturspannungsansatz verwendet zur Spannungsberechnung eine Extrapolation: Von Stützpunkten, die vom eigentlichen Nahtübergang entfernt liegen, wird die Spannung auf den Nahtübergang extrapoliert. Dieses Vorgehen ist sehr gut auch durch Messung von lokalen Dehnungen per DMS realisierbar. Die Stärke dieses Ansatzes liegt damit in der Nähe zu Messungen an realen Bauteilen, was ihn recht anschaulich, aber nur für Nahtübergänge gültig macht, nicht für Nahtwurzeln.

Für den Strukturspannungsansatz soll das Modell aus Abb. 7.3 verwendet werden. Es ist grundsätzlich identisch mit dem Modell aus Abb. 7.2, einzig die Netzgröße wurde

Abb. 7.3 FEM-Rechenergebnis für ein einfaches Modell eines Kreuzstoßes (Aufbau analog Abb. 7.2). Verteilung der 1. Hauptspannung im Blech (Nennspannung 100 MPa): Knotenspannungen, angepasstes Netz für Strukturspannungsmethode mit Abgriff der Spannungen in definierten Abständen (hier abhängig von der Blechstärke t) zur Extrapolation auf den Stoßpunkt der Bleche

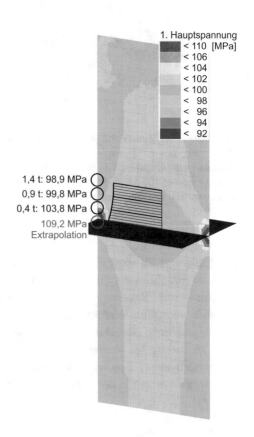

für die weiteren Schritte angepasst. Für die Extrapolation werden die Knoten herangezogen. Hier lassen sich genaue Abstände eindeutig festlegen. Durch die Mittelung
der Knotenspannung (in FEM-Modellen wird die Spannung im Element berechnet,
bei Knotenspannungen wird der Mittelwert der umliegenden Elemente gebildet) ist die
Extrapolation weniger empfindlich auf lokale Effekte. Die Vernetzung folgt hier Bei-
spielvorgaben aus Hobbacher (2016): Die Spannungen werden in Abhängigkeit der
Blechstärke in folgenden Abständen erfasst: $0,4 \times$ Blechdicke, $0,9 \times$ Blechdicke und
$1,4 \times$ Blechdicke. Für das gegebene Beispiel sind die Abstände: 6 mm, 13,5 mm und
21 mm. Die Vernetzung wurde so angepasst, dass die Elementknoten der Reihen auf
exakt diesen Abständen liegen. Damit können die Knotenwerte direkt übernommen
werden. Die ermittelten Spannungen sind (aufsteigender Abstand zum Blechstoß):
103,8 MPa, 99,8 MPa sowie 98,9 MPa.

Die Extrapolation auf den Blechstoß (empfohlen bei Schalenvernetzung) ergibt
einen Spannungswert von 109,2 MPa. Mit diesem Wert wird die weitere Bemessung der
Schweißverbindung mit der Strukturspannung durchgeführt.

Bei diesem Ansatz ist – im Gegensatz zur Nennspannungsmethode – nur äußerst
geringer Kantenversatz in den FAT-Klassen berücksichtigt. Tritt Kantenversatz auf, so ist
dieser in der Modellierung zu integrieren.

Die Methode kann auch bei Volumenvernetzung angewendet werden. Sie ist auch
dann gut geeignet, wenn die Schweißverbindung selbst modelliert wird. Hier wird nicht
auf die Mitte des Blechstoßes, sondern auf den Nahtübergang extrapoliert. Die Ver-
netzungsabstände sind entsprechend anzupassen.

Der Strukturspannungsansatz wirkt auf den ersten Blick recht exakt, trotzdem handelt
es sich hier um eine Extrapolation mit den entsprechenden Unsicherheiten. Außerdem ist
er, wie bereits erwähnt, nicht für die Bewertung von Nahtwurzeln geeignet.

7.3 Kerbspannungsansatz

Der Kerbspannungsansatz (in der Literatur auch der RxMS-Ansatz) versucht die lokale
Kerbe am Nahtübergang bzw. an der Wurzel durch entsprechende Ersatzradien für FEM
reproduzierbar zu modellieren. Es können hier auch sehr komplexe Schweißverbindungen
modelliert werden, der Vernetzungsaufwand ist deutlich höher. Meist werden daher nur
Ausschnitte von längeren Schweißverbindungen mit dieser Methode berechnet. Durch
Rückrechnung lassen sich mit dieser Methode auch FAT-Klassen für die Nennspannungsmethode gewinnen. Dies soll später an einem Beispiel verdeutlicht werden.

Da der Modellierungsradius nicht dem realen Radius der Schweißnaht entspricht,
werden die lokalen Kerbeffekte nur simuliert, aber nicht realistisch modelliert. In der
Realität können Übergangsradien beliebig klein ausfallen: Je nach Schweißnahtübergang
muss man im Extremfall von einer scharfen Kerbe mit einem Radius von wenigen Zehntel
Millimetern ausgehen. Wird der Radius nicht modelliert (scharfe Kerbe) lassen sich die
mechanischen Spannungen an dieser Stelle per FEM nicht mehr berechnen, es kommt zu

numerischen Problemen durch Singularitäten. Daher wurde der Ansatz entwickelt, keine scharfe Kerbe, sondern einen kleinen aber definierten Übergangsradius zu modellieren. In der Realität wird die scharfe Kerbe zusätzlich durch Plastifizieren entschärft. Die Spannungserhöhung und die Kerbwirkung werden mit spezifischen FAT-Klassen je nach Werkstoff und Übergangsradius modelliert. Sehr weit verbreitet ist ein Radius von 1 mm für Bleche dicker als etwa 5 mm. Diese lassen sich mit FAT-Klassen von 225 (Stahl), 71 (Aluminium) und 28 (Magnesium) definieren (Fricke 2012). Die Definition der FAT-Klassen ist hier identisch zu denen des Normal- oder Strukturspannungsansatzes: Sie ist die Spannungsschwingweite für 2 Mio. Lastspiele bei einer Überlebenswahrscheinlichkeit von 97,7 %. Der Steigungsexponent im Zeitfestigkeitsast wird auch hier auf 3 festgelegt. Im Gegensatz zum Nennspannungsansatz ist bei diesen Werten kein Kantenversatz berücksichtigt. Tritt in Wirklichkeit Kantenversatz auf, so ist dieser im FE-Modell zu integrieren.

In Fricke (2012) finden sich auch Vorgaben zur geeigneten Vernetzung sowie zu Anwendungsgrenzen des Ansatzes. Sehr gute zusätzliche Informationen zum Kerbspannungsansatz (z. B. auch für andere Blechdicken) sind im Merkblatt DVS 0905 hinterlegt.

Die Methode kommt bei Beanspruchungen parallel zur Schweißnaht an ihre Grenzen. Da hier die Kerbwirkung des Übergangsradius kaum wirkt, erfolgt die Berechnung der Naht zu optimistisch. In der Realität gibt es lokale Spannungserhöhungen durch die raupenförmigen Schweißnähte. In Längsrichtung kann man daher alternativ mit der Nennspannungsmethode arbeiten.

7.3.1 Modell der Kreuzprobe mit DHV-Naht

In Abb. 7.4 ist ein 2D-Modell der bekannten Kreuzprobe mit berechneten Spannungen dargestellt. Da die Vernetzung für die Modellierung des Übergangsradius R1 sehr fein erfolgen muss, ist eine 2D-Vernetzung einfach und trotzdem genau. Bei prismatischen Modellen mit einachsiger Belastung ist diese ausreichend. Für komplexere Lastfälle oder Schweißverbindungen muss eine Modellierung über Volumenelemente erfolgen. Die Modelle werden dann entsprechend größer und aufwändiger.

Nach IIW (Hobbacher 2016) gilt für Stahl eine FAT-Klasse für den R1MS-Ansatz von 225 MPa und ein Steigungsexponent der Wöhlerlinie von 3. Mit der Basquin-Gleichung ergibt sich damit eine rechnerische Lebensdauer für den Nahtübergang von ca. 1.587.600 Lastspielen.

Der Vergleich mit den anderen Verfahren wird im Abschn. 7.5 vorgenommen.

7.3.2 Modelle der Kreuzprobe mit Kehlnähten

Zusätzlich sollen hier noch zwei Kreuzproben mit Kehlnähten betrachtet werden: Einmal mit einem a-Maß von 5 mm, die zweite Probe mit a = 10 mm. Abb. 7.5 zeigt die Spannungsverteilung für das Modell mit 5 mm a-Maß.

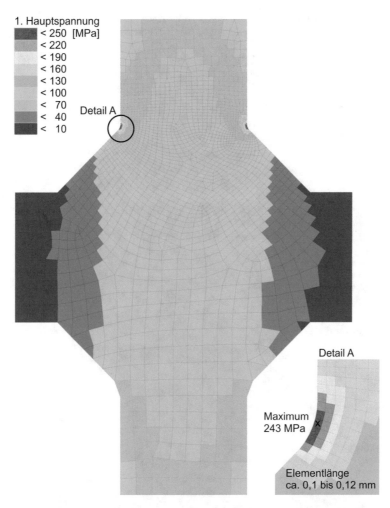

Abb. 7.4 2D-Modell der Kreuzprobe mit Kerbspannungsansatz. Der Übergangsradius zum Blech ist oben mit 1 mm modelliert. Die Nennspannung im Blech beträgt 100 MPa. Dargestellt ist die 1. Hauptspannung, das Maximum (siehe x) beträgt 243 MPa

Die Kehlnaht ist hier nicht querschnittsdeckend: Bei einer angenommenen Länge der Schweißnaht von 1 mm (Wert senkrecht zur Zeichenebene, kürzt sich raus) beträgt die tragende Fläche der Doppelkehlnaht 10 mm^2 (= 2 × 5 mm × 1 mm), die Fläche des Blechs aber 15 mm^2 (= 15 mm × 1 mm). Dies ist beim Vergleich mit den Werten der Nennspannungsmethode zu berücksichtigen. Für die Wurzelberechnung von Kehlnähten ist nicht der Querschnitt des Blechs, sondern die tragende Fläche der Naht zugrunde zu legen. Aus der Nennspannung im Blech von 100 MPa wird damit eine Nennspannung in der Naht von 150 MPa. Unabhängig davon wird die Probe rechnerisch zuerst an der Wurzel versagen, die Lebensdauer ist höher. Nach IIW (Hobbacher 2016) gilt für

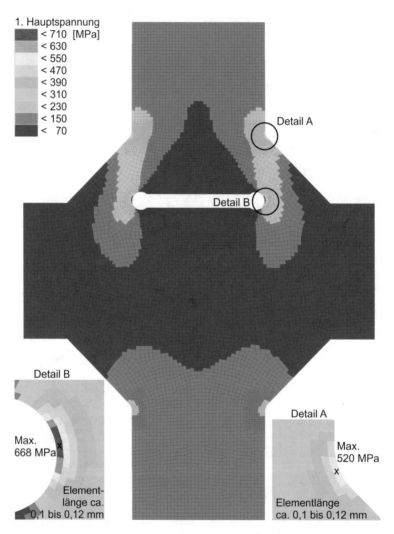

Abb. 7.5 Spannungsverteilung für ein R1MS-Modell einer Doppelkehlnaht, a-Maß 5 mm. Die Nennspannung im Blech beträgt 100 MPa. Dargestellt ist die 1. Hauptspannung, das Maximum am Nahtübergang (siehe x bei Detail A) beträgt 520 MPa, in der Wurzel (siehe x bei Detail B) beträgt es 668 MPa

Stahl die FAT-Klasse 225 MPa für den R1MS-Ansatz auch für Kehlnähte – unabhängig ob Wurzel oder Nahtübergang. Mit dem Steigungsexponenten der Wöhlerlinie von 3 berechnet sich damit die Lebensdauer für beide Stellen zu:

- Nahtübergang (Detail A aus Abb. 7.5): ca. 162.000 Lastspiele
- Wurzel (Detail B aus Abb. 7.5): ca. 76.400 Lastspiele.

Man erkennt eine deutlich reduzierte Lebensdauer gegenüber dem Modell aus Abb. 7.4, sie ist etwa um den Faktor 20 geringer.

Eine typische Maßnahme, um die Lebensdauer zu steigern, ist die Erhöhung des a-Maßes. In einer weiteren Berechnung wurde ein a-Maß von 10 mm modelliert, Abb. 7.6.

Die Kehlnaht ist hier querschnittsdeckend, da die tragende Fläche mit 20 mm^2 ($= 2 \times$ 10 mm $\times$ 1 mm) größer ist als die des Blechs. Die Nennspannung in der Schweißnaht ist damit 75 MPa. Unabhängig davon kann auch hier die Lebensdauer der beiden kritischen Bereiche mit der FAT 225 berechnet werden:

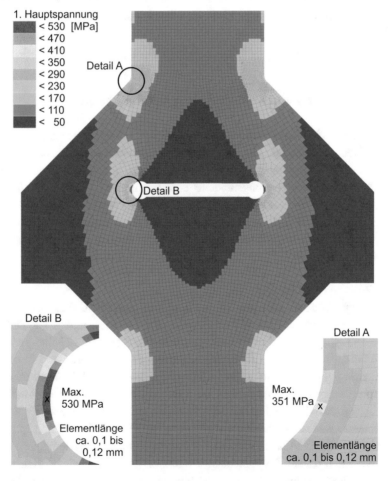

Abb. 7.6 Spannungsverteilung für ein R1MS-Modell einer Doppelkehlnaht, a-Maß 10 mm. Die Nennspannung im Blech beträgt 100 MPa. Dargestellt ist die 1. Hauptspannung, das Maximum am Nahtübergang (siehe x bei Detail A) beträgt 351 MPa, in der Wurzel (siehe x bei Detail B) beträgt es 530 MPa

- Nahtübergang (Detail A aus Abb. 7.6): ca. 526.800 Lastspiele
- Wurzel (Detail B aus Abb. 7.6): ca. 153.000 Lastspiele.

Die Verdoppelung des a-Maßes bringt bezüglich der Lebensdauer auch nur eine Verdoppelung – durch den Steigungsexponenten der Wöhlerlinie würde man einen deutlicheren Effekt erwarten.

Auch diese Lösung weist rechnerisch eine deutlich geringere Lebensdauer als die durchgeschweißte Variante aus Abb. 7.4 auf: Es liegt ca. ein Faktor 10 bezogen auf die Lebensdauer vor.

In der Praxis ist der Unterschied meist nicht ganz so groß. Bei Kantenversatz ist die Erhöhung der Spannung im Nahtübergang eher höher als in der Wurzel und bei Biegebelastung liegt die Kehlnahtwurzel näher an der neutralen Faser – auch hier steigt die Rissgefahr am Nahtübergang. Diese Zusammenhänge lassen sich sehr gut mit einem R1MS-Modell untersuchen. Das Modell wird einfach entsprechend angepasst.

7.3.3   Umrechnung von Kerbspannung auf Nennspannung

Ein großer Vorteil der Kerbspannungsmethode ist die einfache Berechnung einer FAT-Klasse für Nennspannungen. Für spezielle Schweißnahtformen können damit kleine Modelle mit dem Kerbspannungsansatz aufgebaut werden und mit diesen dann FAT-Klassen für große Nennspannungsmodelle ermittelt werden. Hierzu ist nicht einmal eine Ermüdungsrechnung nötig, es genügt die direkte Proportionalität der Kerb- zur Nennspannung: So führt z. B. eine Verdoppelung der Nennspannung auch zu einer Verdoppelung der Kerbspannung. Eine Rückrechnung auf eine „passende" Nennspannung, damit in der Kerbe genau 225 MPa anliegen, ist einfach möglich.

7.3.3.1 Beispiel aus Abb. 7.4

Nimmt man das Beispiel aus Abb. 7.4, so lässt sich feststellen, dass bei einer Nennspannung von 100 MPA eine lokale Kerbspannung von 243 MPa anliegt. Die Definitionen der beiden FAT-Klassen decken sich bezüglich Bezugslastspielzahl (2 Mio.) und Steigung der Wöhlerlinie (3) exakt. Beim Kerbspannungsansatz ist die FAT-Klasse 225 MPa – hier liegt man genau auf dem Definitionspunkt. Für den vorliegenden Fall müsste man also nur die Beanspruchung soweit senken, dass die maximale Kerbspannung im Modell genau 225 MPa beträgt. Die dann anliegende Nennbeanspruchung ist dann genau die FAT-Klasse für Nennspannung. Man könnte nun die Belastung im FE-Modell solange anpassen, dass in der Kerbe genau 225 MPa erreicht werden und dann die Nennspannung ausrechnen. Es geht viel einfacher, da die Zusammenhänge direkt proportional sind: Im Beispiel ist die äußere Last zu hoch, da in der Kerbe 243 MPa auftreten. Um diesen Wert auf 225 MPa zu reduzieren, muss einfach nur die Last mit dem Faktor 225/243 multipliziert werden. Dies ergibt einen Faktor von 0,926. Mit diesem ergibt sich die neue, „richtige" Nennspannung zu: $0{,}926 \times 100$ MPa $= 92{,}6$ MPa. Dies ist die FAT-Klasse für eine Nennspannung im Blech.

Warum ist diese höher als im Katalog angegeben (Nr. 412 in Abb. 6.3, FAT 71)? Im vorliegenden Modell ist keinerlei Kantenversatz und Winkelabweichung modelliert (dies wäre FAT 80, ebenfalls Nr. 412 in Abb. 6.3). Die Naht selbst ist außerdem ohne Überhöhung (genau 45°) modelliert. In der Definition der Nennspannungsklassen sind diese Abweichungen aber alle enthalten. Es ist daher von höchster Wichtigkeit, dass bei Kerbspannungsmodellen die in der jeweiligen Fertigung möglichen Abweichungen berücksichtigt und modelliert werden. Andernfalls wird die Berechnung zu optimistisch.

7.3.3.2 Beispiel aus Abb. 7.5

Analog kann man für das zweite Beispiel vorgehen: Für den Nahtübergang lässt sich auf der Basis der lokalen Kerbspannung von 520 MPa und der Nennspannung 100 MPa im Blech folgende FAT für Nennspannungen berechnen: $225/520 \times 100$ MPa $= 43{,}3$ MPa. Diese Spannung ist aber nicht versagensrelevant, da die Wurzel eine höhere Kerbspannung aufweist. Es gibt daher keinen Vergleichswert im Nennspannungskatalog.

Für die Wurzel ist die Bezugsnennspannung 150 MPa (siehe Text bei Abb. 7.5). Damit ergibt sich hier auf Basis der anliegenden Kerbspannung von 668 MPa eine FAT von 50 MPa. Auch diese ist höher als der Wert im Nennspannungskatalog (FAT 40, da $a \leq 1/3$ t, siehe Nr. 414 in Abb. 6.3). Ebenso wie oben sind hier Abweichungen wie z. B. Kantenversatz nicht modelliert – die Berechnung ist also zu optimistisch.

7.3.3.3 Beispiel aus Abb. 7.6

Auch für dieses Beispiel lässt sich die Berechnung durchführen. Am Nahtübergang ergibt sich analog aus der Kerbspannung von 351 MPa und der Nennspannung im Blech eine FAT 64. Auch diese Spannung ist nicht versagensrelevant, da die Wurzel eine höhere Kerbspannung aufweist.

In der Wurzel ergibt sich mit der Kerbspannung von 530 MPa und der Nennspannung in der Naht von 75 MPa eine FAT 32. Hier ist man recht nah am Wert des Katalogs (FAT 36, Nr. 414 in Abb. 6.3). Die Berechnung ist nicht optimistisch, sondern konservativ. Dies kann auch daraus resultieren, dass man hier nah an der Grenze des für Kehlnähte üblichen a-Maßes ist: Üblicherweise sollte das a-Maß 70 % der Blechdicke nicht überschreiten, hier ist der Wert 66 %. Eine weitere Erhöhung des a-Maßes hilft aus der Erfahrung nicht für eine Steigerung der Festigkeit – dies wird auch bei dieser Berechnung deutlich.

7.4   3D-Scan-Geometrie-Ansatz

Dieser Ansatz setzt erstmals wirklich an der realen Geometrie der Schweißverbindungen an. Durch hochgenaue 3D-Scan-Verfahren kann die Topologie realer Schweißverbindungen erfasst und in ein detailliertes FEM-Modell überführt werden. Auf dieser Basis ist es erstmals möglich, die wahre Spannung am Schweißnahtübergang zu erfassen.

7.4.1 Ausgangssituation

Lokale Spannungen z. B. in einer scharfen Kerbe eines Nahtübergangs lassen sich messtechnisch kaum ermitteln, da die Applikation von DMS über eine Kante hinweg nicht zielführend ist. Auch in der rechnerischen Spannungsanalyse mit idealisierten Nahtübergängen ergeben sich große Unsicherheiten bei der Auswertung der numerischen Ergebnisse an einer Unstetigkeitsstelle (= scharfe Kante).

Eine Modellierung der Kerben an Nahtübergang und Wurzel erfolgt bereits durch den Kerbspannungsansatz (siehe vorheriger Abschnitt). Die Kerben werden aber nicht realistisch, sondern durch Ersatzradien modelliert.

Bisher ist es damit weder rechnerisch noch messtechnisch möglich, die wahre geometrische Spannung an den Kerbstellen einer Schweißnaht zu ermitteln. Abhilfe erfolgt nur durch die Berücksichtigung der wahren Geometrie einer Schweißnaht.

7.4.2 Erfassung der Realgeometrie

Will man die lokalen Spannungen einer vorhandenen Schweißnaht ermitteln, ist eine Erfassung der Realgeometrie unumgänglich. Durch Entwicklungen in der 3D-Erfassung von Oberflächen ist es nunmehr möglich, auch beliebige, geometrisch unbestimmte Oberflächen optisch abzutasten und zu digitalisieren. Im Anschluss wird aus den so ermittelten Punktewolken ein geschlossenes Volumen generiert, welches dann als Basis für Strukturberechnungen mit der Finite-Elemente-Methode dient. Dieses Verfahren wurde in veröffentlichten Projekten schon angewandt, oft mit der Zielrichtung Kerbspannungswöhlerlinien für idealisierte Nahtmodelle zu generieren z. B. in Shams (2013), Lang et al. (2016) sowie Lang und Lehner (2016). Auch für die Betrachtung von Nahtenden wurde es schon angewandt (Kaffenberger und Vormwald 2013).

Hier wird aufgezeigt, dass das genannte Verfahren direkt für die Bewertung von Nahtschweißverbindungen geeignet ist, siehe auch Späth (2019). Die Bewertung kritischer Nähte kann in nicht zu ferner Zukunft damit auch im industriellen Maßstab erfolgen. Haupttreiber sind hier weiter deutlich steigende Leistungen in der Computertechnik und in den optischen Verfahren zur Erfassung von Realgeometrien (3D-Scanner).

Am Beispiel eines Kreuzstoßes soll das Vorgehen gezeigt werden. Der Kreuzstoß ist gleich den Modellen weiter vorne in diesem Kapitel. In Abb. 7.7 ist ein Foto (links) sowie eine Darstellung der gemessenen Punkte (rechts) zusehen. Der rechte Teil sind erfasste und durch den Computer dargestellte 3D-Daten.

Bei guter Auflösung des 3D-Scanverfahrens werden auch kleinste Unebenheiten und Details der Schweißnaht selbst erfasst. Dies ist sehr wichtig, da hiervon die lokalen Beanspruchungen direkt abhängen. Wird zu grob erfasst, ergeben sich eher größere Kerbradien mit entsprechend geringeren Spannungen.

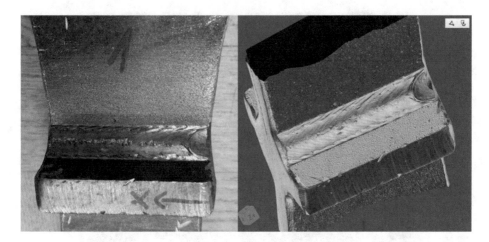

Abb. 7.7 Erfassung der Realgeometrie am Beispiel eines Kreuzstoßes. Foto (links) der Schweißverbindung sowie Darstellung der 3D-Daten der Geometrie (rechts, kein Foto)

Die 3D-Daten des Scans können exportiert und in FEM-Programme eingelesen werden. Eventuell sind für Zwischenschritte spezielle Programme zur Behandlung der 3D-Daten nötig. Wichtige Schritte sind:

- Beschneiden des Messbereichs
- Schließen von eventuellen Löchern (z. B. an den Schnittkanten)
- Qualitätsprüfung des Scans
- Ausrichten der 3D-Daten im Raum
- Export in geeignete Dateiformate, um die 3D-Daten in einem FEM-Programm einlesen zu können.

Nach diesen Schritten können die Daten in ein FEM-Programm eingelesen werden. Dort kann die Vernetzung mit finiten Elementen erfolgen. Auch hier ist eine ausreichend feine Vernetzung nötig, um auch schärfere Kerben sicher abzubilden. Das verarbeitete Beispiel zeigt Abb. 7.8.

Die minimale Netzgröße im wichtigen Nahtübergang beträgt bei diesem Modell ca. 40 μm. Die Details der Vernetzung sind in Abb. 7.9 dargestellt.

Wird mit diesem Modell eine Belastung wie im Prüfstandversuch berechnet, so können die sich lokal ergebenden Spannungen ausgewertet werden. Die Auswertung erfolgt in zwei unabhängigen Richtungen:

- Lage der höchsten Spannungen,
- Betrag der höchsten Spannungen.

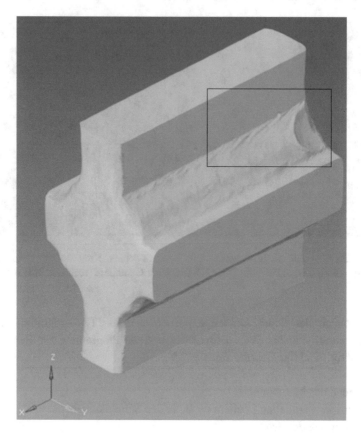

Abb. 7.8 Vernetztes Modell der 3D-Daten aus Abb. 7.7. Das Netz ist sehr fein, daher sind die Elemente schwer erkennbar. Details sind in der nachfolgenden Abb. dargestellt, der schwarze Rahmen zeigt den Ausschnitt der Vergrößerung

Lage der höchsten Spannungen In zahlreichen Versuchen zeigt sich, dass der Ort der höchsten Beanspruchungen sehr gut mit der Lage der Ermüdungsrisse im Versuch korreliert. Es ist nicht immer die absolut höchste Spannung, die sicher den Rissausgang anzeigt. Z. T. ist es die Lage der zweit- oder dritthöchsten Beanspruchung, die im Bereich des Risses liegt. Numerisch können die maximalen Spannungen einfach sortiert und zugeordnet werden, in der Praxis ist es aber irrelevant, ob die Spannung im Modell z. B. 297 oder 301 MPa beträgt. An beiden Stellen liegt eine hohe Beanspruchung vor, an welcher Stelle der Riss im realen Prüfling entsteht, ist unter anderem abhängig von verschiedenen Größen

- Lokale Eigenspannungen, auch wenn diese gering sind
- Metallurgische Besonderheiten
- Geometrische Ungänzen, die durch das Scan-System nicht erkannt werden, wie z. B. feine Risse an der Oberfläche oder innenliegende Fehler.

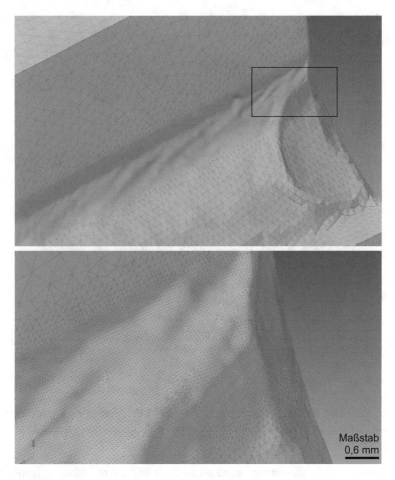

Abb. 7.9 Details der Abb. 7.8, erste Vergrößerung (oben), weiteres Detail der oberen Abbildung (siehe schwarzer Rahmen) im Bild unten. Vernetzung mit minimal 40 µm. Maßstab mit 0,6 mm gilt für den unteren Bildteil

Betrag der höchsten Spannung Aus der Größe der höchsten berechneten Spannung lässt sich anhand einer Wöhlerlinie eine Lebensdauer berechnen. Da eine Wöhlerlinie für Spannungen aus gescannten Realgeometrien nicht vorliegt, kann man den umgekehrten Weg gehen: Bei Prüflingen, die sowohl getestet als auch gescannt und per FEM berechnet wurden, kann eine Rückrechnung auf eine Wöhlerlinie erfolgen

Für eine Kreuzprobe wurde die FEM-Berechnung wie erläutert durchgeführt. Das Ergebnis ist in Abb. 7.10 dargestellt. Man erkennt die deutlich höheren Spannungen im Bereich des Nahtübergangs von der Schweißnaht zum belasteten Blech. Die Schweißnaht selbst sowie andere Bereiche sind relativ gering beansprucht. Dies deckt sich auch mit dem typischen Schädigungsbild von schwingbeanspruchten Schweißverbindungen.

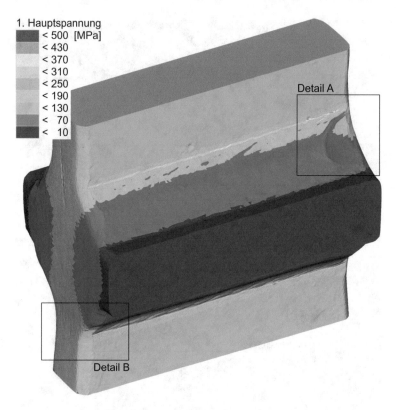

Abb. 7.10 Verteilung der ersten Hauptspannung der FEM-Berechnung einer gescannten Kreuz-probe. Nennspannung im Blech 100 MPa. Details A und B in den folgenden Abb. 7.11 und 7.12

Zur besseren Visualisierung werden noch zwei Ausschnitte vergrößert dar-gestellt: Das Detail A dieses Modells wird in Abb. 7.11 gezeigt. Es ist der Bereich eines Schweißnahtendes. Durch die spezielle Topografie könnte man hier einen Anriss erwarten. Die maximale Spannung in diesem Bereich liegt bei 428 MPa.

Ein weiteres Detail B ist in Abb. 7.12 zu sehen. Hier liegt die höchste Spannung des Modells an: 500 MPa. Auf den ersten Blick würde dieser Bereich kaum als kritisch ein-gestuft. Die recht lokale scharfe Kerbe am Nahtübergang ist hier aber entscheidend für die Beanspruchungsspitze. In der Abbildung unten ist ein Foto des realen Prüflings nach der Schwingprüfung zu sehen. Der Riss liegt genau im Bereich der höchsten Spannung. Dies konnte bei mehreren (nicht allen) Prüflingen festgestellt werden. Unterscheiden sich die Spannungen in zwei hochbeanspruchten Bereichen nur wenig, ist eine sichere Aussage, wo der Riss in der Schwingprüfung startet, nicht möglich. Der Riss startet meist im Bereich sehr hoher Spannungen. Weitere Untersuchungen dieses Verhaltens sind Bestandteil von laufenden Forschungsarbeiten.

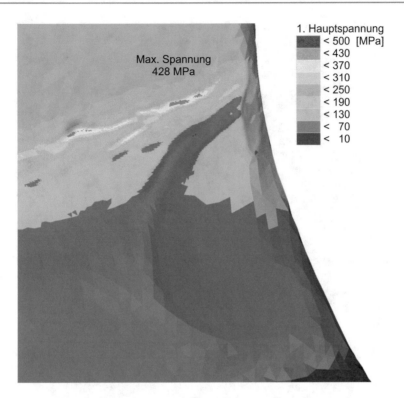

Abb. 7.11   Detail A eines Nahtübergangs aus Abb. 7.10

Werden die Ergebnisse einer größeren Anzahl von untersuchten Proben in einer Wöhlerlinie abgebildet, so zeigt sich ein typisches Verhalten: Die Rissschwingspielzahl sinkt mit steigender Beanspruchung. In einem Diagramm mit logarithmischer Achsenskalierung lassen sich die Wertepaare durch eine Gerade annähern, bei durchaus vorhandener Streuung. Das Ergebnis von Versuchen zur Ermittlung einer FAT-Klasse an den Kreuzstößen (t = 15 mm) für den 3D-Scan-Geometrie-Ansatz ist in Abb. 7.13 dargestellt.

Herangezogen für diese Auswertung wurden Ergebnisse von 16 Prüflingen, die im Zeitfestigkeitsbereich getestet wurden (3 Langläufer wurden nicht für die Berechnung der Wöhlerlinie berücksichtigt, in der Abbildung eingekreist). Dargestellt sind die per FEM ermittelten Spannungsschwingweiten im höchstbeanspruchten Bereich der Nahtübergänge über den in realen Versuchen ermittelten Schwingspielzahlen. Um möglichst nah an den Verfahren nach den IIW-Recommendations (Hobbacher 2016) zu bleiben, wurde der Steigungsexponent von 3 sowie die angesetzte Überlebenswahrscheinlichkeit von 97,7 % übernommen. Auf dieser Basis lässt sich eine FAT-Klasse 300 berechnen. Dieses Ergebnis muss durch weitere Versuche und Berechnungen noch bestätigt oder angepasst werden. Es laufen aktuell Forschungsarbeiten. Aktuell gilt dieser Wert nur für Kreuzstöße mit DHV-Nähten und einer Blechstärke von 15 mm.

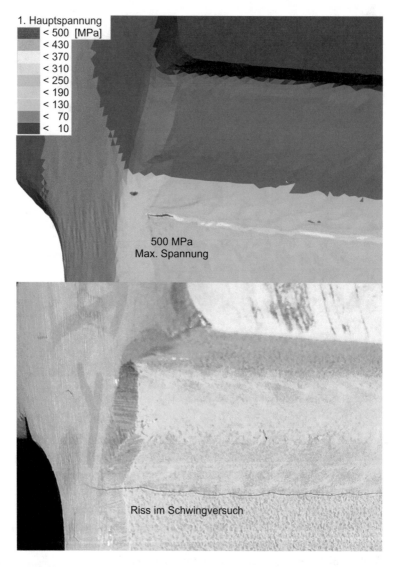

Abb. 7.12 Detail B (Ansicht leicht gedreht) des höchstbeanspruchten Nahtübergangs aus Abb. 7.10. Oben Spannungsverteilung der FEM-Berechnung. Max. Spannung (rot): 500 MPa. Unten Foto des realen Prüflings nach dem Schwingversuch

7.5   Vergleich der verschiedenen Methoden

Die vier Methoden können verglichen werden, da ein durchgängiges Beispiel für alle gewählt wurde. Hierzu wird die rechnerische Lebensdauer bei einer Schwingweite der Nennspannung von 100 MPa betrachtet (Tab. 7.1).

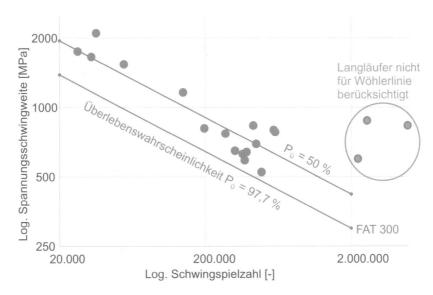

Abb. 7.13 Schätzung einer Wöhlerlinie für den 3D-Scan-Geometrie-Ansatz. Definitionsbasis wie bei den IIW-Recommendations (Hobbacher 2016): Mit einem Steigungsexponenten von 3 und einer Überlebenswahrscheinlichkeit von 97,7 % ergibt sich eine FAT-Klasse von 300

Tab. 7.1   Vergleich der Ergebnisse der verschiedenen Berechnungsverfahren anhand der Lebensdauer

Berechnungsansatz	Max. Sp. [MPa]	Typ/Lage Sp	FAT-Klasse	Lebensdauer
Nennspannung	101,2	Nennspannung	71	690.659
Strukturspannung	109,2	Quadr. Extrapol	100	1.535.897
Kerbspannung	243	Nahtübergang	225	1.587.664
3D-Scan-Geom	500	Nahtübergang	300	432.000

Man erkennt, dass die Werte deutliche Unterschiede zeigen. Will man diese mit der Realität vergleichen, so kann nicht ein Schwingversuch herangezogen werden. Nur eine größere Stichprobe erlaubt eine statistisch abgesicherte Aussage. Als Vergleichsbasis wird daher der Stichprobenumfang aus Abb. 7.13 herangezogen: 19 Prüflinge wurden auf verschiedenen Beanspruchungsniveaus getestet. In der Abb. 7.14 wird aber die Nennspannungsschwingweite des Schwingversuchs ausgewertet. Da es sich bewusst um unterschiedliche Fertigungsqualitäten handelt, ist die Streuung relativ hoch. Bei diesen Proben sind auch durchaus Prüflinge enthalten, die die Klasse B der DIN EN ISO 5817 nicht erfüllen.

Es zeigt sich, dass bei großer Streuung die rechnerische FAT-Klasse deutlich niedriger liegt als im Wöhlerlinienkatalog des IIW. Hier: 56,4 MPa, laut IIW 71 MPa. Damit läge

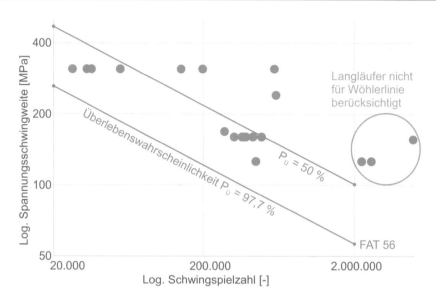

Abb. 7.14 Nennspannungswöhlerlinie mit gleichem Stichprobenumfang wie in Abb. 7.10. Dargestellt ist hier die Nennspannung im realen Schwingversuch. Große Variation der Nahtqualität führt zu hoher Streuung. Steigungsexponent und Überlebenswahrscheinlichkeit gemäß IIW

die rechnerische Lebensdauer auf Basis dieser Wöhlerlinie (PÜ = 97,7 %) bei etwa 359.000 Lastspielen.

Man erkennt, dass die Verfahren, die mit einer idealisierten Geometrie (die ersten drei Ansätze) arbeiten, die Lebensdauer einer einzelnen Probe kaum vorhersagen können. Die realen Schwankungen der Schweißnahttopologie sind viel zu groß für eine Bewertung ohne Kenntnis der wahren Geometrie. Wird die wahre Schweißnahttopologie erfasst und in der Rechnung berücksichtigt, sind gezielte Aussagen zur möglichen Risslage sowie zur erwartbaren Lebensdauer besser möglich.

Normenverzeichnis

Die Sortierung der Normen erfolgt strikt nach Nummer, nicht nach Normengremium.

DVS 0905:2017-02, Industrielle Anwendung des Kerbspannungskonzeptes für den Ermüdungsfestigkeitsnachweis von Schweißverbindungen.
DIN EN ISO 5817:2014-06, Schweißen – Schmelzschweißverbindungen an Stahl, Nickel, Titan und deren Legierungen (ohne Strahlschweißen) – Bewertungsgruppen von Unregelmäßigkeiten (ISO 5817:2014); Deutsche Fassung EN ISO 5817:2014

Literatur

Einbock, S., Mailänder, F.: Betriebsfestigkeit mit FEM – schnell verstehen & anwenden, 2. Aufl. Books on Demand, Norderstedt (2019)

Fricke, W.: IIW Recommendations for the fatigue assessment of welded structures by notch stress analysis (IIW 2006–09). Woodhead Publishing, Philadelphia, PA (2012)

Hobbacher, A.F. (Hrsg.): Recommendations for fatigue design of welded joints and components, 2. Aufl. (IIW document IIW-2259-15). Springer, London (2016)

Kaffenberger, M., Vormwald, M.: Schwingfestigkeit von Schweißnahtenden und Übertragbarkeit von Schweißverbindungswöhlerlinien. (Fatigue resistance of weld ends and transferability of wöhler curves). Mater. Test. 55(7–8) (2013). https://doi.org/10.3139/120.110470

Lang, R., et al.: Schweißnahtbewertung basierend auf 3D-Laserscanning – Praktische Anwendung eines mobilen Laserscansystems zur Oberflächenbewertung von Schweißnähten – Teil 1. In: Stahlbau 85, Heft 5, S. 336–343 (2016)

Lang, R., Lener, G.: Schweißnahtbewertung basierend auf 3D-Laserscanning – Praktische Anwendung eines mobilen Laserscansystems zur Oberflächenbewertung von Schweißnähten – Teil 2. In: Stahlbau 85, Heft 6, S. 395–408 (2016)

Radaj, D., et al.: Fatigue assessment of welded joints by local approaches, 2. Aufl. Woodhead Publishing Limited, Cambridge (2006)

Shams, E.: Schwingfestigkeit von Nahtenden MSG-geschweißter Feinbleche aus Stahl unter Schubbeanspruchung. (AVIF A 268). FVA 2013. FAT 250, Berlin (2013)

Späth, R.: Betriebsfestigkeitsanalyse von Schweißverbindungen anhand von digitalisierten Realgeometrien und FEM-Berechnungen sowie deren Validierung anhand von Schwingversuchen. DVS Congress 2019: Rostock, 16. bis 17. September 2019. In: DVS-Berichte Band 355. DVS Media GmbH, Düsseldorf (2019)

Ermüdungstest von Schweißproben

8

Um verschiedene Schweißnahtformen, -verfahren, -nachbehandlungen etc. zu untersuchen, ist der Ermüdungstest von Schweißproben das beste Verfahren. Aufgrund der
Streuung der Schwingfestigkeit von Schweißverbindungen hat ein einzelner Versuch
relativ geringe Aussagekraft. Daher sollten Messreihen mit je möglichst konstanten Parametern untersucht werden. Der Ermüdungstest von Schweißproben wird hier abgegrenzt
vom Validierungstest von geschweißten Strukturen (im nächsten Kapitel). Beim
Validierungstest ganzer Strukturen ist die Losgröße meist eins (oder sehr gering), da
der Testaufwand erheblich ist. Die fehlende Berücksichtigung der statistischen Streuung
muss durch ein schärferes Lastkollektiv oder höhere Lastspielzahlen kompensiert
werden.

8.1 Schwingversuch

Für die Durchführung von Schwingversuchen gibt es sehr gute Normen. Für Schweißverbindungen ist eine Anlehnung an DVS 2403 (spezifisch für Schweißverbindungen)
und DIN 50100 (Methoden zur statistischen Absicherung) sehr vorteilhaft. In diesen
Normen gibt es klare Vorgaben zur Planung der Versuche und Ausführung der Proben-
körper. Es lassen sich folgende Merkmale für Ermüdungstests an Schweißproben festhalten. Ziele der Versuche sind:

- Vergleich von unterschiedlichen Schweißverbindungen, Prozessen, Nachbehand-
  lungsverfahren,
- Absicherung von Schwingfestigkeitsberechnungen,
- Ermitteln von FAT-Klassen.

Ermüdungstests von Schweißproben haben folgende Eigenschaften:

- Gute statistische Absicherung,
- Meist nur einachsige Belastung,
- Länge der Schweißnähte meist kurz im Vergleich zu Serienbauteilen,
- Schweißeigenspannungen können nur eingeschränkt untersucht werden.

Diese Punkte sind auch in Abgrenzung zu den Validierungstests von geschweißten Strukturen (siehe nächstes Kapitel) zu sehen.

8.1.1 Prüfmaschinen für Schwingversuche

Auf dem Markt werden verschiedene Schwingprüfmaschinen angeboten. Zu allgemeinen Anforderungen an Werkstoffprüfmaschinen siehe DIN 51220, zur Kalibrierung siehe auch DIN EN ISO 7500-1. Die Maschinen eignen sich je nach Prüfling und Prüfaufgabe unterschiedlich gut für geschweißte Strukturen. Hier werden nur einachsige Prüfmaschinen für einachsige Belastung betrachtet. Typische Vertreter sind (Auswahl):

- Servohydraulische Prüfmaschine
- Resonanzprüfmaschine (elektromechanisch oder elektromagnetisch)
- Umlaufbiegemaschine.

Servohydraulische Prüfmaschine Diese Maschinen arbeiten mittels eines Hydraulikzylinders als Aktuator. Der Hydraulikzylinder wird meist von einem Konstantdrucksystem versorgt. Die Steuerung übernimmt ein Servoventil. Steuergrößen können eine Kraft, eine Spannung, eine globale Dehnung, ein Verfahrweg oder eine lokale Dehnung (mittels eines lokalen Sensors, z. B. Ansetzdehnaufnehmer) sein. Servohydraulische Prüfmaschinen sind sehr universell einsetzbar und können auch größere Verfahrwege (begrenzt durch den Hub des Hydraulikzylinders) abdecken. Die maximale Prüffrequenz ist gegenüber anderen Maschinen etwas eingeschränkt. Die Energiebilanz ist eher schlecht, der überwiegende Teil der in das Hydrauliköl eingebrachten Energie muss durch Kühlung wieder abgeführt werden. Mit servohydraulischen Maschinen sind grundsätzlich auch Betriebslastennachfahrversuche möglich. Die maximal erreichbaren Frequenzen und Abfolgen sind auch abhängig von der eingesetzten Regelungssoftware. Maximale Prüffrequenzen für Schweißproben sind üblicherweise 5–40 Hz

Resonanzprüfmaschinen Dieser Typ wird elektromechanisch oder elektromagnetisch angetrieben. Die Probe ist hierbei Teil eines Schwingungssystems mit mehreren Federn und Massen. Der Schwingkreis wird durch den Aktuator nahe der Resonanzfrequenz angeregt, die Anregung wird so geregelt, dass die gewünschte Beanspruchungs-amplitude an der Probe erreicht wird. Der große Vorteil ist der geringe Energiebedarf. Da die Probe in Resonanz schwingt, muss nur die dissipierte Energie (Reibung inner-halb der Maschine, Hysterese im Prüfling) zugeführt werden. Diese Maschinen kommen üblicherweise komplett ohne Kühlung aus. Weitere Vorteile sind gegenüber servo-hydraulischen Maschinen höhere Prüffrequenzen und eine sehr gute Risserkennung: Da die Probe Teil des Schwingungssystems ist, führt eine Querschnittsänderung durch einen Riss auch zu einer Änderung der Steifigkeit und damit zu einem Abfall der Prüffrequenz. Auch innenliegende, von außen nicht sichtbare Risse lassen sich damit im Prüf-ablauf erkennen. Nachteil ist ein geringerer Schwingweg – wobei elektromechanische Maschinen eher besser sind (Schwingwege bis in den cm-Bereich) als elektro-magnetische (Schwingwege im mm-Bereich). Meist kann die Mittellast unabhängig von der Schwingamplitude geregelt werden – damit sind auch Prüfungen mit verschiedenen Mittellasten möglich. Betriebslastennachfahrversuche sind hiermit nicht möglich, da die Maschine immer einige Zyklen braucht, bis sie in Resonanz schwingt. Es können aber Blockprogrammversuche (längere Blöcke auf verschiedenen Lastniveaus) gefahren werden. Maximale Prüffrequenzen für Schweißproben sind üblicherweise 80–120 Hz (elektromechanische Maschine) bzw. 100–180 Hz (elektromagnetische Maschine)

Umlaufbiegemaschine Diese einfachen Maschinen nutzen eine konstante Biegung (4-Punkt-Biegung) und drehende Prüflinge für die Erzeugung der Schwingamplituden. Die Prüffrequenz ist damit nur abhängig von der Drehzahl und liegt ähnlich wie bei Resonanzprüfmaschinen. Das Biegemoment ist durch die 4-Punkt-Biegung konstant innerhalb des Prüfbereichs. Wegen der Umlaufbiegung können die Amplituden nur wechselnd ($R = -1$, Mittellast $= 0$) aufgebracht werden. Die Maschine ist nur für rotationssymmetrische Bauteile geeignet

Weitere Maschinen sind eher für die Werkstoffuntersuchung als für Schweißver-bindungen geeignet und werden daher hier nicht tiefer behandelt. Diese wären z. B. servopneumatische, servoelektrische oder piezobasierte Prüfmaschinen

8.1.2 Probenformen

Grundsätzlich ist eine Vielzahl von Probenformen denkbar. Sehr typisch ist die Kreuz-probe, die auch schon in Kap. 7 vorgestellt wurde. Auch Anschlüsse an Halbzeuge (Profile) mit z. B. zwei Anschlussblechen zum Einspannen der Probe in die Prüf-maschine sind denkbar. Für eine günstige Herstellung und konstante Probenparameter hat es sich bewährt, nicht jede Probe einzeln zu schweißen, sondern einen längeren Stoß zu fügen und diesen nachträglich in einzelne Prüflinge zu schneiden. Damit können auch die Anfangs- und Endpunkte der Naht einfach abgeschnitten werden.

8.2   Einflussgrößen

Da die Prüfung an Proben und nicht an realen Strukturen einer Serienproduktion erfolgt, kommt es immer zu einer Anpassung oder Vereinfachung der realen Randbedingungen. Diese lassen sich durch Einflussgrößen variieren. Die Einteilung dieser Größen wird hier wie folgt vorgenommen:

- Werkstoffparameter
- Schweißparameter
- Nachbehandlungsverfahren
- Beanspruchungen durch das Einspannen

Diese Einflussgrößen werden nachfolgend detailliert erläutert.

8.2.1   Werkstoffparameter

Es sind möglichst alle Werkstoffparameter sowohl der Ausgangsbleche als auch des Schweißzusatzwerkstoffs festzuhalten. Einige erscheinen auf den ersten Blick weniger wichtig. Bei Detailfragen können diese aber durchaus kritisch sein. Im Zweifelsfall sollte lieber ein Parameter mehr dokumentiert werden – auch wenn er im Anschluss eventuell nicht benötigt wird. Es sollten festgehalten werden:

- Genaue Bezeichnung der Grundwerkstoffe mit Wärmebehandlungszustand (z. B. bei Baustählen auch, ob es sich um einen normalgeglühten oder einen thermomechanisch gefertigten Stahl handelt)
- Schweißzusatzwerkstoff
- Walzrichtung des Blechs
- Eventuell eine Härteprüfung
- Oberflächenzustand (verzundert, gestrahlt, mechanisch bearbeitet).

Diese Parameter sind für alle Bleche oder Ausgangsprodukte festzuhalten.

8.2.2   Schweißparameter

Das Dokumentieren möglichst aller Schweißparameter erlaubt auch im Nachgang besondere Effekte oder Einflüsse zu erklären und Parameter für eine Serienfertigung festzulegen.

Gerade das Schwingfestigkeitsverhalten von Schweißverbindungen reagiert sehr empfindlich auf Änderungen der Schweißparameter. Speziell für geschweißte Strukturen gibt die DVS 2403 Empfehlungen für Schwingversuche. Es sind unter anderem genau zu dokumentieren:

- Art des Schweißverfahrens
- Parameter zum Schweißprozess selbst (z. B. über eine Welding-Process-Specification, WPS)
- Angaben zur Nahtvorbereitung
- Lage einzelner Proben in einer Blechtafel, wenn ausgeschnitten wird
- Fertigungs- und Zusammenbaubedingungen (inklusive Heften).

8.2.3   Nachbehandlungsverfahren

Da Schweißnahtnachbehandlungsverfahren einen hohen Einfluss auf die Schwing-
festigkeit haben (siehe Kap. 6), sind deren Einflüsse im Rahmen eines Ermüdungstests
unbedingt zu dokumentieren. Besonders problematisch sind Maßnahmen, die in der
Serienfertigung nicht konsequent zum Einsatz kommen, aber bei der Herstellung der
Schweißproben aus falscher, gut gemeinter Absicht angewendet werden: Strahlen der
Proben, Schleifen der Nahtübergänge, Einsatz der besten Schweißer etc. Aus Sicht der
Fertigung werden ja besondere Bauteile hergestellt, diese sollen in gutem, ordentlichem
Zustand für die Prüfung bereitgestellt werden. Wenn diese Verfahren oder Randbedingungen in der späteren Serienfertigung nicht durchgängig angewendet werden, besteht
die Gefahr einer zu optimistischen Auslegung des Serienbauteils. Als Empfehlung kann
gelten, dass die Prüflinge möglichst unter Serienbedingungen (Zeitdruck, übliche Werker
etc.) hergestellt werden – dies ist in der Praxis nicht immer leicht umzusetzen.

8.2.4   Beanspruchungen durch das Einspannen

Durch den steifen Prüfaufbau üblicher Schwingprüfmaschinen führt Verzug beim
Schweißen zu hohen Beanspruchungen im Prüfling. Die Klemmkräfte hydraulischer
Spannzeuge sind so hoch, dass der Prüfling komplett „geradegedrückt" wird, auch wenn
ein erheblicher Winkelverzug oder Kantenversatz vorliegt. Als Beispiel Daten einer
Spannvorrichtung an einer Prüfmaschine mit einer Nennlast von 500 kN: Die Spannbacken werden durch das hydraulische Spannsystem mit einer Kraft von über 900 kN
zusammengedrückt.

Die sich ergebenden Beanspruchungen sind – auch bei geringen Abweichungen –
erheblich. Gezeigt wird dies am Beispiel der Kreuzprobe aus Kap. 7, siehe Abb. 8.1: So
führt z. B. schon eine Winkelabweichung von 1° bei der genannten Probe zu einer Nennspannung von über 150 MPa (1. Hauptspannung an der Blechoberfläche) wenn diese
durch das Spannzeug wieder geradegedrückt wird. Auch ein Kantenversatz hat einen
Einfluss auf die Spannungsverteilung. Hier sind aber die größten Spannungen im Bereich
der Einspannung (im Beispiel mehr als 200 MPa), das Biegemoment und damit auch
die Beanspruchung sind theoretisch in der Mitte Null. Im Bereich des Nahtübergangs
können hier aber durchaus Nennspannungen von ca. 25 MPa ermittelt werden. Dies gilt

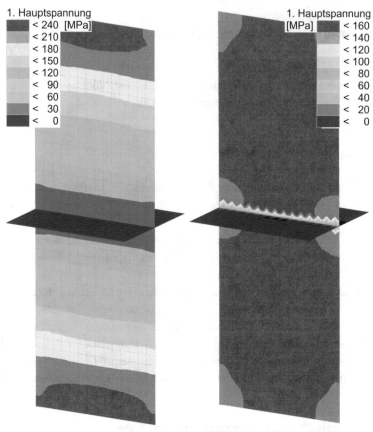

Betrag der 1. Hauptspannung bei   Betrag der 1. Hauptspannung bei
1 mm Kantenversatz der Bleche   1° Winkelabweichung der Bleche
beim Spannen in der Prüfmaschine   beim Spannen in der Prüfmaschine

Abb. 8.1 Verlauf des Betrags der 1. Hauptspannung an der Blechoberfläche bei einer Zwängung eines verformten Prüflings durch die Spannvorrichtung in einer Prüfmaschine. Jeweils Knotenspannungen (Nennspannungsansatz, Probe wie in Kap. 7). Links Kantenversatz, rechts Winkelabweichung

aber nur für symmetrische Prüflinge. Bei komplexeren Prüflingen kann sich eine andere Spannungsverteilung ergeben.

Vermeiden lassen sich diese Beanspruchungen durch Einspannen auf zwei möglichen Wegen:

- Anpassung der Einspannung (z. B. durch Beilegen von Ausgleichsplatten im Spannzeug)
- Mechanisches Bearbeiten der Spannflächen (z. B. Abfräsen).

Beide Varianten sind recht aufwändig und erzeugen eventuell weitere Probleme:

Das Beilegen von Ausgleichsplatten kann das sichere Spannen gefährden, da der Reibschluss zwischen den Ausgleichsplatten und der Probe ein anderer ist als der zwischen den geriffelten Spannbacken und der Probe. Es kann zu einem Rutschen der Probe kommen. Die Prüfung läuft dann nicht stabil und reproduzierbar.

Das mechanische Bearbeiten der Spannflächen darf nicht zu nah an den Schweißnahtübergang reichen. Es kommt sonst dort zu einer Beeinflussung der lokalen Beanspruchung. Auch dürfen durch die Bearbeitung keine scharfen Kerben erzeugt werden, um ein Versagen an dieser Stelle nicht zu begünstigen. In diesem Falle kann die Probe nicht gewertet werden.

Grundsätzlich sind Kantenversatz und Winkelabweichung bei allen Prüflingen zu messen und zu dokumentieren. Der Einfluss kann auch durch Messung der lokalen Dehnungen mit DMS während des Einspannens ermittelt werden. Dies sollte für jeden Probentyp an zumindest einer Probe durchgeführt werden. Siehe hierzu auch DVS 2403.

8.3   Statistische Absicherung

Aufgrund der hohen Streuung der Ergebnisse von Schwingprüfungen ist eine statistische Betrachtung unabdingbar. Es werden die wichtigsten Grundlagen kurz beleuchtet. Für den Anwender gibt es eine sehr gute Norm zur Gestaltung und Auswertung von Schwingversuchen, die DIN 50100. Deren wesentliche Inhalte werden ebenfalls kurz vorgestellt. Für die eigentliche statistische Auswertung wird auf die Norm verwiesen.

8.3.1   Grundlagen

Es werden hier nur die wichtigsten Grundlagen kurz erläutert. Für detaillierte Informationen zur Statistik gibt es zahlreiche Literatur, anschaulich ist z. B. Puhani (2020) oder Einbock (2018).

Man geht in der Praxis davon aus, dass die Ergebnisse wirklich zufällig verteilt sind, dies ist nur eine Annahme. Bei der Probengestaltung und Prüfung ist alles zu unternehmen, um dies möglichst zu erreichen. Systematische Fehleinflüsse wie z. B. unterschiedliche Werkstoffe, Schweißprozesse, Wechsel der Prüfmaschine o. Ä. innerhalb einer Probenserie sind tunlichst zu vermeiden.

Die wichtigste Verteilung für zufällige Ereignisse ist die Gauß'sche Normalverteilung. Für die Darstellung sind zwei Funktionen von Bedeutung: die Häufigkeitsdichtefunktion f(x) und die Summenfunktion F(x). Die Häufigkeitsdichtefunktion gibt direkt keine Wahrscheinlichkeit an. Es ist nur eine Dichtefunktion. Die Wahrscheinlichkeit wird durch die Summenfunktion F(x) dargestellt. Diese ist das Integral der Häufigkeitsdichtefunktion. Dieses Integral ist aber nicht elementar auswertbar. Ein analytisches

Berechnen ist nicht möglich, daher sind nur Tabellenwerte verfügbar. Wichtige Parameter dieser Verteilung sind der Mittelwert und die Standardabweichung. Mit diesen beiden statistischen Kenngrößen ist die Verteilung auch vollständig beschrieben. Die Darstellungen der Funktionen lassen sich über die genannten Größen normieren und sind damit für jeden Anwendungsfall direkt übertragbar. Die übliche Normierung erfolgt auf den Mittelwert $\mu = 0$ sowie auf die Standardabweichung $\sigma = 1$. Damit ist die Verteilung wie in Abb. 8.2 dargestellt.

Typische Punkte (Beispiele) der Summenfunktion sind in der Grafik mit Nummern versehen. Diese werden nachfolgend erläutert:

1. Bei $x = \mu$ ($=$ Mittelwert) ist F(x) $= 50$ %, d. h. 50 % der Werte sind kleiner,
2. Bei $x = \infty$ ($=$ unendlich) ist F(x) $= 100$ %, d. h. alle Werte sind kleiner,
3. Bei $x = 1 \cdot \sigma$ ($= 1 \times$ Standardabw.) ist F(x) $= 84{,}1$ %, d. h. 84,1 % der Werte sind kleiner,
4. Bei $x = -1 \cdot \sigma$ ($= -1 \times$ Standardabw.) ist F(x) $= 15{,}9$ %, d. h. 84,1 % der Werte sind größer,
5. Bei $x = 1{,}28 \cdot \sigma$ ($= 1{,}28 \times$ Standardabw.) ist F(x) $= 90$ %, d. h. 10 % der Werte sind größer, typischer Ansatz für 90 % Überlebenswahrscheinlichkeit,
6. Bei $x = 2 \cdot \sigma$ ($= 2 \times$ Standardabw.) ist F(x) $= 97{,}7$ %, d. h. 2,3 % der Werte sind größer, Ansatz für Überlebenswahrscheinlichkeit nach IIW (Hobbacher 2016)
7. Bei $x = 2{,}33 \cdot \sigma$ ($= 2{,}33 \times$ Standardabw.) ist F(x) $= 99$ %, d. h. nur 1 % ist größer.

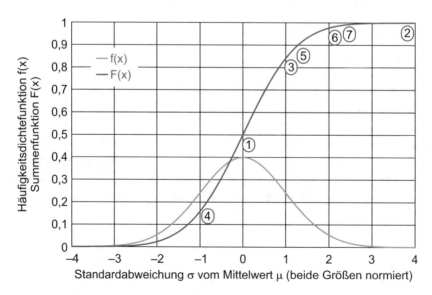

Abb. 8.2 Verlauf der Häufigkeitsdichte f(x) und Summenfunktion F(x) der Normalverteilung nach Gauß für normierte Standardabweichung und Mittelwert. Wichtige Punkte der Summenfunktion sind mit Nummern 1 bis 7 markiert. Erläuterung siehe Text

Da die Summenfunktion symmetrisch ist, ist es in der Praxis unerheblich, ob man mit $+\sigma$ oder $-\sigma$ rechnet. Die Summe aus Überlebenswahrscheinlichkeit und Ausfallwahrscheinlichkeit ist immer 1. Welche Seite man gewählt hat, kommt am einfachsten durch die Anschauung.

Die Berechnung der Standardabweichung und anderer statistischer Größen muss entweder in Last- oder in Schwingspielrichtung erfolgen. Diese dürfen auf keinen Fall vermischt werden.

Es genügt hierbei aber nicht, einfach nur die statistischen Größen zu berechnen. Dies wäre mathematisch auch bei nur zwei Proben möglich – die Aussagekraft ist aber sehr gering. Es ist sehr wichtig zu verstehen, dass sowohl der Mittelwert als auch die Standardabweichung bei der Auswertung von Ermüdungsversuchen keine absoluten Größen sind, sondern nur Schätzungen darstellen. Beide – der Mittelwert und die Standardabweichung der Grundgesamtheit – sind nicht bekannt. Berechnet werden können diese Größen nur auf der Basis von Stichproben. Damit sind sie – obgleich man sie durch Formeln scheinbar exakt berechnen kann – nur Schätzungen, da die Datenbasis nur eine Stichprobe ist und nicht sicher die Grundgesamtheit abbildet. Je größer die Stichprobe, umso wahrscheinlicher ist, dass die Werte für Mittelwert und Standardabweichung der Stichprobe sehr nah an den Werten der Grundgesamtheit liegen.

Als sehr pauschale Empfehlung gilt für die Anzahl der Prüflinge:

- **Mindestens** 15 gültige Versuche für einen Typ Schweißnaht (gleiche Einflussgrößen nach Abschn. 8.2) für die Langzeitfestigkeit **oder** für den Zeitfestigkeitsast.
- **Mindestens** 30 gültige Versuche für eine komplette Wöhlerlinie.

Wichtig ist bei diesen Angaben, dass es sich um gültige und damit nutzbare Versuche handelt. Wird das Prüfniveau zu Beginn zu hoch oder zu niedrig angesetzt, kommt es entweder zu Versagen im Bereich der Kurzzeitfestigkeit oder zu unerwünschten Durchläufern (beim Treppenstufenverfahren muss es Durchläufer geben, im Idealfall aber ein fast wechselndes Verhalten von Durchläufern und Brüchen). Damit wird dringend empfohlen, die Anzahl der Prüflinge deutlich höher zu wählen als die Anzahl der Versuche. Bei neuen, unbekannten Probenformen können einige Versuche nötig sein, um das richtige Prüfniveau zu finden. Diese Vorversuche kann man kaum für eine spätere Auswertung nutzen. Wird dann festgestellt, dass die Anzahl nicht ausreicht, müssen nachträglich weitere Proben hergestellt werden. Es ist nicht immer leicht, die exakt gleichen Einflussgrößen der Fertigung zu reproduzieren. Damit sinkt die Aussagekraft der Versuche weiter.

8.3.2   Praktisches Vorgehen nach DIN 50100

Eine sehr gute Norm, die die statistische Absicherung der Versuche erleichtert, ist die DIN 50100. Hier gibt es genaue Vorgaben zu den statistischen Methoden und Auswerteverfahren für den Anwender. Aufgrund des Umfangs werden diese hier nicht wiedergegeben, es wird auf die Norm verwiesen. Dort werden auch Kennzahlen wie typische Standardabweichungen etc. für geschweißte Strukturen gegeben. Spezifisch für Schweißverbindungen gibt die DVS 2403 sehr konkrete Hinweise zur Durchführung von Schwingversuchen. Dort finden sich auch Informationen bezüglich der Probengestaltung.

Stehen ausreichend Prüflinge zur Verfügung, sind nach der DIN 50100 verschiedene Methoden zur Prüfung und zur statistischen Auswertung möglich. Grundsätzlich unterscheidet die Norm zwischen zwei Fragestellungen: Berechnung der Zeitfestigkeit und Berechnung der Langzeitfestigkeit. Bei der Zeitfestigkeit versagen üblicherweise alle Proben, damit können die Lebensdauern der Beanspruchungsniveaus in die Rechnung eingehen. Bei der Langzeitfestigkeit gilt die Betrachtung der Unterscheidung, wie viele Proben versagt haben und wie viele Durchläufer es gibt. Die Methoden unterscheiden sich damit deutlich.

Methoden für die Zeitfestigkeit nach DIN 50100
- Perlenschnurverfahren
- Horizontenverfahren.

Beim Perlenschnurverfahren werden Versuche auf verschiedenen Lasthorizonten gefahren und die jeweils erreichte Schwingspielzahl festgehalten. Bei logarithmischer Skalierung der Achsen lässt sich eine Wöhlerlinie theoretisch als Gerade darstellen. Werden die Beanspruchungshorizonte und die Schwingspielzahlen der Versuchsergebnisse logarithmiert, schafft man damit den Schritt von einer komplexen Funktion auf einen – theoretisch – linearen Zusammenhang. Die logarithmierten Werte können also durch die Methode der kleinsten Fehlerquadrate auf eine Gerade zusammengeführt werden. Diese Gerade ist dann die Schätzung einer Wöhlerlinie mit 50 % Überlebenswahrscheinlichkeit. Aus der Geradengleichung lässt sich auch der Steigungsexponent der Wöhlerlinie ablesen. Es handelt sich aber, wie bereits mehrfach erwähnt, nur um eine Schätzung. Die Ergebnisse basieren auf einer Stichprobe nicht auf der Grundgesamtheit. Um die Aussagekraft zu erhöhen, sollten die Ergebnisse einen möglichst großen Schwingspielzahlbereich abdecken. Die DIN 50100 empfiehlt z. B. Lastspielverhältnisse von 20 oder 50 (Verhältnis maximaler zu minimaler Lastspielzahl der geprüften Proben). Für die Berechnung von Wöhlerlinien für andere Überlebenswahrscheinlichkeiten wird der geschätzte Wert der Standardabweichung gemäß Abb. 8.2 und den nachfolgenden Erläuterungen genutzt.

Beim Horizontenverfahren wird im Prinzip ähnlich vorgegangen. Der Hauptunterschied zum Perlenschnurverfahren ist, dass nur wenige, meist zwei Lasthorizonte gewählt werden. Auch diese sollen möglichst weit auseinander liegen. Die Auswertung erfolgt durch getrennte Berechnung der beiden Lasthorizonte (Mittelwerte und Standardabweichung). Durch die Verdichtung von Versuchsergebnissen an den „Enden" der Wöhlerlinie kann die Steigung deutlich genauer bestimmt werden, als mit dem Perlenschnurverfahren. Da beim Horizontenverfahren zwei Standardabweichungen geschätzt werden, können die Wöhlerlinien für andere Überlebenswahrscheinlichkeiten als 50 %

auch andere Steigungsexponenten aufweisen. Beim Perlenschnurverfahren liegt nur eine Standardabweichung vor – die Wöhlerlinien unterschiedlicher Überlebenswahrscheinlichkeiten liegen parallel.

Methode für die Langzeitfestigkeit nach DIN 50100: Treppenstufenverfahren
Bei der Langzeitfestigkeit mit dem Treppenstufenverfahren wird nur unterschieden, ob eine Probe versagt oder die Grenzlastspielzahl erreicht hat (Durchläufer). Die Anzahl der Schwingspiele bei Versagen geht nicht in die Auswertung ein. Der Versuchsablauf wird durch das Ergebnis der jeweils vorherigen Probe gesteuert: Es werden vor dem Start der Prüfserie Lasthorizonte in einer geometrischen Verteilung (konstanter Stufensprung, Lasthorizonte nicht äquidistant) festgelegt. Die erste Probe wird auf einem dieser Lastniveaus geprüft. Für die jeweils nächste Probe wird die Last um eine Stufe gesenkt, wenn die vorherige versagt hat und um eine Stufe erhöht, wenn die vorherige Probe durchgelaufen ist. So ergibt sich automatisch ein Pendeln der Versuche im Bereich der Langzeitfestigkeit. Dies wird durchgeführt, bis alle Proben getestet wurden. Die Auswertung der Versuche folgt einem strikten Schema, das Vorgehen ist in der DIN 50100 detailliert beschrieben.

8.4   Hinweise zur Durchführung von Ermüdungsversuchen

Nachfolgend Tipps zur praktischen Durchführung von Ermüdungsversuchen:

Es ist möglichst jede erdenkliche Einflussgröße zu dokumentieren. Oft zeigt sich erst bei der Auswertung, dass ein vermeintlich unwichtiger Parameter zu einer Verschiebung der Ergebnisse geführt hat. Wurde dieser Parameter für jeden Prüfling festgehalten, ist eine spätere Zuordnung und gezielte Auswertung möglich.

Aus diesem Grund ist es ratsam, jedes Versuchsergebnis sofort in ein geeignetes Diagramm mit logarithmischer Skalierung einzutragen. Große Streuungen oder unerwartete Abweichungen einzelner Proben lassen sich grafisch z. T. leicht erkennen. So können Ursachen frühzeitig festgestellt und beseitigt oder zumindest dokumentiert werden.

Zentrale Parameter wie Probennummer, Beanspruchungs- und/oder Lastniveau, R-Wert, erreichte Lastspielzahl o. Ä. sollten wo möglich zusätzlich auf der Probe selbst notiert werden.

In Zeiten digitaler Kameras sind Bilder des Prüflings in der Maschine sehr einfach und schnell anzufertigen. Liegt bei Prüfungsende noch Last an der Probe an, können Risse sehr gut erkannt und mit der Kamera festgehalten werden. Bei Entlastung können sich Risse wieder schließen – das Finden und Dokumentieren (z. B. der Risslänge) ist dann wesentlich schwieriger.

Bei jedem Verfahren mit den höheren Lasten beginnen. Hier sind die Streuungen geringer und vor allem die Versuchszeiten deutlich kürzer. Man erhält sehr schnell Rückmeldung, ob das Lastniveau richtig gewählt wurde. Soll der Zeit- und Langzeitfestigkeitsbereich untersucht werden, ist mit dem Zeitfestigkeitsbereich zu beginnen, da auch hier die Ergebnisse schneller vorliegen.

Wurde z. B. das Treppenstufenverfahren mit einem sehr niedrigen Lastniveau gestartet, ergeben sich zu Beginn nur Durchläufer. Diese Versuche dauern sehr lange und man hat keinerlei Rückmeldung, ob die Proben an den erwarteten Stellen versagen. Gerade bei Schwingversuchen kommt es immer wieder vor, dass Versagen an „unerwünschten" Stellen, wie z. B. im Bereich der Einspannung, in Übergangsbereichen oder sogar an Lasteinleitungsstrukturen auftritt. Je früher diese Rückmeldungen vorliegen, umso schneller können Gegenmaßnahmen getroffen werden.

Bei der Probenreihenfolge sollte möglichst keine Systematik vorgenommen werden. Z. B. Proben mit hohem Kantenversatz zuerst prüfen und „bessere" Proben am Schluss. Die Proben sollen zufällig verteilt sein. Besonders wichtig ist das beim Treppenstufenverfahren, da die vorherige Probe Einfluss auf das Prüfniveau der nächsten Probe hat. Es kann sinnvoll sein, die Proben einer Prüfung einfach durchzunummerieren und die Reihenfolge über eine Zufallsfunktion durch den Computer festzulegen.

Sollen ähnliche Proben verschiedener Parameter verglichen werden, sollte eine einfache, aber eindeutige Bezeichnung gewählt werden, die die Probenserie und die Probennummer enthält. Alternativ gibt es auch die Praxis, stur alle Proben egal welcher Serie, durchzunummerieren – es darf dann keine Probennummer doppelt vorkommen.

Wurde der Stufensprung beim Treppenstufenverfahren klein gewählt, kann es sein, dass man viele Proben verbraucht, bis das richtige Lastniveau gefunden wird. Ein Trick (bisher nicht direkt durch die Norm abgedeckt) kann sein, dass zum „Suchen" des Bereichs der Langzeitfestigkeit zu Beginn der doppelte Stufensprung genutzt wird – es stehen später mehr Proben für die eigentliche Prüfung zur Verfügung. Nutzbare Lastniveaus mit doppeltem Sprung können nachträglich mit einfachem Stufensprung aufgefüllt werden. Für die Auswertung mit den Methoden des Treppenstufenverfahrens muss am Ende eine durchgängige Prüfabfolge mit dem richtigen Stufensprung vorliegen.

Ähnliches wird im aktuell vorliegenden Entwurf der neuesten Fassung der DIN 50100 zugelassen: Es wird ein Verfahren erläutert, mit dem auf einen zu groß gewählten Stufensprung reagiert werden kann: Es darf ein Zwischenlastniveau eingeführt werden, mit zusätzlichen Tests auf diesem Niveau kann eine neue durchgängige Prüfabfolge erstellt werden. Die Auswertung darf dann nur mit Versuchen erfolgen, die die vorgesehene Prüfabfolge erfüllen. Abweichende Versuchsergebnisse, die nicht in die Folge passen, dürfen nicht gewertet werden. Sobald die neue Version der DIN 50100 offiziell gültig ist, kann der oben genannte Trick auch innerhalb des Rahmens der Norm angewendet werden.

Normenverzeichnis

DVS 2403:2020-10, Empfehlungen für die Durchführung, Auswertung und Dokumentation von Schwingfestigkeitsversuchen an Schweißverbindungen metallischer Werkstoffe

DIN EN ISO 7500-1:2018-06, Metallische Werkstoffe – Kalibrierung und Überprüfung von statischen einachsigen Prüfmaschinen – Teil 1: Zug- und Druckprüfmaschinen – Kalibrierung und Überprüfung der Kraftmesseinrichtung (ISO 7500-1:2018); Deutsche Fassung EN ISO 7500-1:2018

DIN 50100:2021-09 – Entwurf, Schwingfestigkeitsversuch – Durchführung und Auswertung von zyklischen Versuchen mit konstanter Lastamplitude für metallische Werkstoffproben und Bauteile

DIN 51220:2022-10, Werkstoffprüfmaschinen – Allgemeines zu Anforderungen an Werkstoffprüfmaschinen und zu deren Kalibrierung und Überprüfung

Literatur

Einbeck, S.: Statistik der Betriebsfestigkeit – schnell verstehen & anwenden, 2. Aufl. Books on Demand, Norderstedt (2018)

Hobbacher, A.F. (Hrsg.): Recommendations for fatigue design of welded joints and components, 2. Aufl. (IIW document IIW-2259-15). Springer, London (2016)

Puhani, J.: Statistik – Einführung mit praktischen Beispielen, 13. Aufl. Springer Gabler, Wiesbaden (2020)

Validierungstest von geschweißten Strukturen

9

Der Validierungstest von geschweißten Strukturen unterscheidet sich von den Ermüdungs-versuchen des vorherigen Kapitels. Beim Validierungstest sollen komplette Strukturen – z. B. vor der Serienfreigabe – geprüft werden. Meist sind hierzu mehrachsige und auf-wändige Lasteinleitungen nötig. Auch die Aufspannung der Strukturen kann durchaus komplex sein. Diese Tests erfolgen oft auf Spannfeldern mit mehreren servohydraulischen Lastzylindern oder bei Radfahrzeugen auf Mehrstempel-Anlagen. Validierungstests sind mit hohen Kosten verbunden. Daher werden meist nur wenige Strukturen getestet. Die statistische Absicherung kann kaum über die Anzahl der Prüflinge erfolgen. Zum Ausgleich können ein schärferes Lastkollektiv oder eine höhere Lastspielzahl vorgesehen werden.

Eine Sonderform des Validierungstests ist der reale Einsatz einer Vorserienmaschine oder eines Prototyps – durch den Hersteller oder durch diesen begleitet bei ausgewählten Kunden. Da hier die gesamte Maschine getestet wird, ist die Aussagekraft höher, die Ergebnisse liegen aber meist später vor. Diese Art der Erprobung ist spezifisch für ver-schiedene Produkte und wird daher hier nicht detailliert dargestellt.

9.1 Abschätzung der Testdauer

Der zeitliche Aspekt von Tests im Entwicklungsprozess darf nicht übersehen werden. Liegen erste Rückmeldungen zu Schwachstellen bereits sehr früh vor, z. B. vor der Frei-gabe der Schweißvorrichtungen für die Serienfertigung, kann die Konstruktion des Bau-teils sowie der Vorrichtung noch einfach geändert werden. Idealerweise erfolgt sofort ein weiterer Test zur Absicherung der Änderung. Liegt die Rückmeldung erst kurz vor dem Serienstart vor, sind Änderungen kaum mehr oder nur mit sehr hohem Aufwand möglich. Zudem fehlt dann die Zeit für die Absicherung der Änderungen. Für die zeitliche Ein-ordnung der verschiedenen genannten Absicherungsversuche nachfolgend ein Beispiel:

R. Späth, *Betriebsfeste Konstruktion und Berechnung von Schweißverbindungen*, https://doi.org/10.1007/978-3-658-40789-6_9

▶ **Beispiel Testdauer.**

Eine wichtige tragende Struktur einer Maschine soll durch Tests abgesichert werden. Die Ziellebensdauer betrage für Gesamtmaschine und Struktur 10.000 Betriebsstunden. Im Einsatz dieser Maschine entspreche das in diesem Beispiel 10 Mio. Lastspielen an der Struktur. Hier sei bereits eine Raffung des Tests durch Omission (Weglassen) geringer Lastamplituden berücksichtigt. Wie lange dauert etwa (Erfahrungswerte)

a) ein Ermüdungstest eines wichtigen Schweißdetails (Schweißprobe nach Kap. 8),

b) ein Validierungstest der Schweißstruktur auf einem servohydraulischen Prüffeld oder

c) ein Test im realen Einsatz bei einem Kunden?

Lösung:

a) Für den Ermüdungstest werden 15 Schweißproben vorgesehen, damit eine gute statistische Absicherung erreicht wird. Zur Ermittlung der Langzeitfestigkeit ist das Treppenstufenverfahren geeignet. In einer Resonanzprüfmaschine kann z. B. eine Prüffrequenz von 100 Hz erreicht werden. Die Grenzlastspielzahl beträgt 10 Mio. Lastspiele (siehe oben). Beim Treppenstufenverfahren kann zur konservativen Abschätzung der Lastspielzahlen folgende Annahme getroffen werden: Die Hälfte der Proben sind Durchläufer, die andere Hälfte versagt vorher, deren Lastspielzahl wird mit der Hälfte der Grenzlastspielzahl angesetzt. Im Mittel ergibt sich für die Versuchsplanung eine Lastspielzahl von 7,5 Mio. je Probe. Bei einer Prüffrequenz von 100 Hz dauert der Test einer Probe im Mittel 20,83 h. Da Zeit zum Probenwechsel etc. eingeplant werden muss, kann man etwa eine Probe je Tag ansetzen, d. h. 15 reine Arbeitstage für den Test (Resonanzmaschinen können problemlos über Nacht und über das Wochenende durchlaufen). Geht man von einer Arbeitswoche zu je 5 Tagen aus und berücksichtigt, dass der Test manchmal nachts endet und ein Probenwechsel erst am nächsten Morgen erfolgt, kann eine **Testdauer von ca. vier Wochen für 15 Proben** abgeschätzt werden.

b) Ein Validierungstest der Schweißstruktur auf einem servohydraulischen Prüffeld könne hier im Mittel mit etwa 3 Hz durchgeführt werden (bei einer guten Abstimmung der servohydraulischen Ansteuerung). Rechnet man mit nur einem Prüfling (Kosten) und 10 Mio. Lastspielen, so ergeben sich ca. 926 h, das entspricht ca. 38,6 Tagen. Dies gilt nur, wenn der Test dauernd durchläuft. In der Praxis kommt es immer wieder zu Pausen für Rissprüfungen, unvorhergesehene Schäden an Lasteinleitungsstellen oder Aufspannungen. Man kann damit für **diesen Test ca. zwei bis drei Monate** abschätzen.

c) Ein Test im realen Einsatz beim Kunden soll 10.000 h abdecken. Ein ganzes Kalenderjahr hat nur 8760 h. Ein Raffen des Tests ist im realen Einsatz nicht möglich. Damit würde ein Test (Dreischicht-Betrieb, keine Pause) theoretisch knapp 14 Monate dauern. In der Praxis schafft man unter guten Bedingungen 4000 bis 6000 h Maschineneinsatz im Jahr. Bereits hier muss im sehr intensiven Zweischicht- oder Dreischichtbetrieb fast ohne Ausfallzeiten (Tankvorgänge, Wartungsarbeiten etc.) konsequent durchgearbeitet werden. Das heißt, **die Erprobung dauert etwa 2 Jahre.**

In diesen Erprobungsdauern sind Zeiten für Planung der Prüfung und Fertigung der Prüflinge noch nicht enthalten. Im Rahmen einer Serienentwicklung müssen daher Art und Umfang von Erprobungen von Beginn an geplant werden.

9.2   Validierungstest am Prüffeld

Die für Validierungstests vorgesehenen Schweißstrukturen sollten möglichst nah an den Serienbedingungen gefertigt werden. Im Idealfall im Rahmen einer Vorserie, schon unter Verwendung von Schweißvorrichtungen, Schweißautomaten etc. Auch Werkstoffe, Schweißzusätze, Nahtvorbereitungen, Schweißreihenfolgen (Eigenspannungen!) oder Nahtnachbehandlungen sollten der späteren Serie entsprechen. Im letzten Detail ist das nicht immer möglich, jede Abweichung reduziert aber die Aussagekraft des Tests.

Zusammenfassend lassen sich folgende Merkmale für Validierungstests festhalten:

Ziele:
- Absicherung der Berechnung
- Vorbereitung der Serienfreigabe
- Erkenntnisse über Einflüsse aus Fertigung.

Einordnung:
- Randbedingungen möglichst wirklichkeitsnah gestalten (Krafteinleitung und Einspannung)
- Belastung der Struktur mit realistischem Kraft- und Häufigkeitsniveau (keine oder nur geringe Überhöhung)
- Zeitliche Raffung des Tests gegenüber realem Einsatz möglich. Je nach Struktur und Prüfstandskonfiguration sind Raffungen um den Faktor 5 bis 20 möglich.
- Schlechte statistische Absicherung (Kosten!)
- Schweißeigenspannungen werden gut berücksichtigt (Bei Fertigung unter Serienbedingungen).

Um die schlechte statistische Absicherung zu kompensieren, können die Lastkollektive verschärft werden. Einfach geht das über den Ansatz einer Sicherheitszahl, wie z. B. in Haibach (2006) im Anhang 5.1 tabelliert. Anschaulich wird das Verfahren auch in Götz und Eulitz (2020) erläutert. Die Standardabweichung kann im Idealfall aus

Schwingversuchen der verwendeten Schweißverbindungen gemäß Kap. 8, „Ermüdungstest von Schweißproben" oder aus Erfahrungswerten der DIN 50100 entnommen werden.

Sicherer ist eine Erhöhung der Lastspiele und keine Erhöhung der Lastamplituden – da es hier zu unerwünschten Plastifizierungen im Prüfablauf kommen kann. Die Versagensorte können sich verschieben, siehe das Beispiel der Kerbprobe in Kap. 5.

9.3   Test im realen Einsatz

Der Test im realen Einsatz kann im Unternehmen oder bei einem Kunden erfolgen. Innerhalb des Unternehmens werden die Prüfungen auf speziellen Teststrecken oder -umgebungen durchgeführt. Die Reproduzierbarkeit ist relativ hoch. Viele Unternehmen haben seit Jahren bewährte Prüfabläufe. Ob diese noch dem realen Einsatz bei den Kunden entsprechen, muss regelmäßig kritisch hinterfragt werden. Derartige Tests werden hier nicht weiter vertieft, es liegt spezifisches Wissen bei den jeweiligen Herstellern vor.

Der Einsatz beim Kunden ist meist weniger gut reproduzierbar, auch sind die Randbedingungen des Einsatzes nicht immer fest. Der Kunde kann die betreffende Maschine sehr unterschiedlich nutzen. Trotzdem hat man mit diesem Test eine Rückmeldung eines wirklichen Einsatzes. Hier gibt es z. T. auch Abläufe oder Nutzungen, die vom Hersteller gar nicht absehbar waren.

Die Einordnung ist leicht abweichend vom Test einer Struktur im Prüffeld:

- Die Lasteinleitung in die Struktur ist real
- Die Belastung der Struktur ist nur repräsentativ für den vorliegenden Einsatz der Maschine.
- Eine zeitliche Raffung des Tests ist eventuell bei Tests innerhalb des Unternehmens möglich, beim realen Einsatz beim Kunden nicht.
- Schlechte statistische Absicherung (Kosten!).

9.4   Tipps für erfolgreiche Validierung in der industriellen Praxis

Praktische Tipps für die beiden Versuchsarten werden im Nachfolgenden kurz erläutert.

9.4.1   Validierungstest am Prüffeld

Der Lasteinleitung und Aufspannung der Struktur muss besondere Aufmerksamkeit gewidmet werden. Beides erfolgt üblicherweise über zusätzliche Einrichtungen, die eine Schnittstelle der Servozylinder zur Struktur schaffen. Durch ausreichende

Dimensionierung ist sicherzustellen, dass die Lasteinleitung und Aufspannung nicht während des Tests versagen. Zwängungen z. B. durch Schiefstellung der Zylinder o. Ä. sind durch geeignete Gelenke zu vermeiden. Bewährt haben sich hier neben Kugelgelenken vor allem dünne Bleche: Diese können nur Zug und Druck übertragen, sind aber in einer Achse biegeschlaff. Kreuzweise angeordnet haben sie die gleichen Freiheitsgrade wie Kugelgelenke. Gegenüber Kugelgelenken haben sie den Vorteil absoluter Spielfreiheit.

Bei der Auslegung der Prüfung sollte das Lastkollektiv so gewählt werden, dass auch wirklich Risse auftreten. Andernfalls hat man keine Aussage zur realen Lebensdauer. Für den Fall, dass mit Ablauf der Prüfung keine Schäden an der Struktur sichtbar sind, sollte ein erhöhtes Kollektiv oder zusätzliche Versuchszeit eingeplant werden.

Treten Schäden auf, so sollen diese meist zügig am Prüfstand behoben werden. Oft werden hier Reparaturschweißungen, z. B. mit Aufdopplungen etc. vorgenommen. Diese sind aufwändig und mit Risiken für die Prüfstandseinrichtung verbunden. Zur Sicherheit sollten bei Schweißarbeiten die Servozylinder mechanisch von der Struktur getrennt werden. Stromspitzen könnten zu Schäden innerhalb des Zylinders führen. Auch die Messtechnik ist vor diesen Stromspitzen zu bewahren. Eine elegante und günstige Alternative ist das Abbohren der Rissspitze. Dieser Eingriff ist meist recht einfach und schnell. Sollte die Maßnahme nicht genügen, kann immer noch eine Reparaturschweißung vorgenommen werden. Das Ausfugen des Risses mit der Schleifscheibe beseitigt im Normalfall auch die Rissstoppbohrung. Die deutliche Entschärfung der Rissspitze durch die Bohrung lässt den Riss in vielen Fällen stoppen. Man muss sicherstellen, wirklich die Rissspitze zu treffen – auch eine zweite oder dritte Bohrung ist meist lohnend.

Der Ablauf der Prüfung ist so weit wie möglich zu optimieren – verschiedene Lastniveaus können mit unterschiedlicher Prüffrequenz gefahren werden: Geringere Lasten können bei servohydraulischen Aktoren mit höherer Frequenz aufgebracht werden als höhere Lasten. Der Prüfstand ist hinsichtlich dem Schwingungs- und Übertragungsverhalten zu optimieren. Zur Schwingungsmesstechnik siehe z. B. Kuttner und Rohnen (2019). Eine Erhöhung der Testfrequenz z. B. von 3 auf 4 Hz spart eine Nettoversuchsdauer von einem Viertel, das sind bei zwei Monaten Versuchszeit fast zwei Wochen.

9.4.2   Test im realen Einsatz

Die Auswahl eines Prüfumfelds für den Test einer Gesamtmaschine ist anspruchsvoll. Meist kennt die Kundendienstabteilung geeignete Kunden. Die Anwendung der Maschine sollte typisch für einen harten Einsatz sein. Eine hohe Maschinenauslastung ist möglichst fest zu vereinbaren. Die Aussicht auf ein „kostenloses" Gerät führt bei potenziellen Testbetrieben zu optimistischen Zusagen bezüglich des Einsatzes. Wenn die Maschine länger ungenutzt steht, geht wertvolle Erprobungszeit verloren. Ein Mitarbeiter als Ansprechpartner beim Hersteller ist fest vorzusehen. Dieser sollte auch regelmäßig die Maschinenauslastung prüfen und eventuell Maschinendaten eines Datenloggers auslesen und auswerten.

Grundsätzlich ist es sehr empfehlenswert, die Testmaschine mit Sensoren zur Überwachung und Messung von Struktur- und Einsatzdaten auszurüsten. Die Daten können auch für die Ermittlung oder Einordnung von Lastkollektiven genutzt werden.

Ein interessanter Effekt bezüglich des Einsatzes von Maschinen lässt sich immer wieder beobachten: Ist Personal des Herstellers vor Ort beim Betreiber, werden die Maschinen wie vorgesehen genutzt. Hat das Werkspersonal den Kunden verlassen, so ändert sich das Einsatzprofil der Maschine. Es wird weniger Rücksicht genommen. Ist ein Datenlogger verbaut, ist zu Beginn noch eine gewisse Vorsicht im Einsatz der Maschine zu bemerken. Oft wird dies aber nach mehreren Arbeitstagen „vergessen", die täglichen Anforderungen lassen die Maschinenführer in gewohnte Anwendungsmuster zurückfallen. In dieser Phase können recht realistische Einsatzszenarien und Lastkollektive durch den Datenlogger aufgezeichnet werden.

Normenverzeichnis

DIN 50100:2021-09 – Entwurf, Schwingfestigkeitsversuch – Durchführung und Auswertung von zyklischen Versuchen mit konstanter Lastamplitude für metallische Werkstoffproben und Bauteile

Literatur

Götz, S., Eulitz, K.-G.: Betriebsfestigkeit – Bauteile sicher auslegen! Springer Vieweg, Wiesbaden (2020)
Haibach, E.: Betriebsfestigkeit – Verfahren und Daten zur Bauteilberechnung, 3. Aufl. Springer, Berlin (2006)
Kuttner, T., Rohnen, A.: Praxiswissen Schwingungsmesstechnik: Messtechnik und Schwingungsanalyse mit MATLAB®, 2. Aufl. Springer, Wiesbaden (2019)

Konstruktive Maßnahmen zur Schwingfestigkeitssteigerung

10

10.1 Methoden in der Entwicklung

Die Abläufe und Strukturen einer Produktentwicklung sind außerordentlich wichtig. In einen guten Produktentwicklungsprozess in der Industrie wird das gesamte Unternehmen eingebunden. Besonderes Augenmerk muss auf eine enge Abstimmung zwischen Konstruktion und Fertigung gelegt werden. Die spezifischen Einrichtungen einer Fertigungsabteilung müssen bei der Konstruktion berücksichtigt werden. Wird eine Struktur, die bisher intern geschweißt wurde, nun extern vergeben, so gehen mündliche Absprachen zwischen Konstruktion und Fertigung verloren. Daher müssen diese Absprachen immer in den Fertigungsunterlagen festgehalten werden.

10.2 Allgemeine Konstruktionsempfehlungen

Für geschweißte Strukturen gibt es eine Vielzahl von Empfehlungen – mit zum Teil widersprüchlichen Aussagen. Dies rührt meist aus einer unterschiedlichen Zielsetzung von Konstruktionsprinzipien her: Es können die Kosten (damit auch Fertigungsaufwand, Schweißbarkeit etc.) oder die Schwingfestigkeit im Vordergrund stehen. Es gibt Maßnahmen, die beiden Aspekten helfen, aber auch solche, die entweder die Kosten oder die Festigkeit begünstigen. Aus der umfangreichen Literatur sollen beispielhaft folgende Arbeiten herausgegriffen werden: Fahrenwaldt et al. (2014), Hofmann et al. (2005), Matthes (2016), Neumann und Neuhoff (2002), Ruge (1985) und Schuler (1992).

Folgende allgemeine Konstruktionsrichtlinien gelten vor allem für schwingbeanspruchte geschweißte Strukturen:

- Steifigkeitssprünge vermeiden
- Nahtansätze möglichst gering belasten
- Quernähte kritischer als Längsnähte
- Auf Zugänglichkeit achten
- Fertigungsprozess mit der Produktion abstimmen
- Einseitige Kehlnähte vermeiden
- Anzahl Schweißnähte minimieren
- Nahtanhäufungen vermeiden
- Schweißnähte nicht im Bereich hoher Beanspruchung
- Große Wanddickenänderungen vermeiden
- Belastung in Blechdickenrichtung vermeiden
- Anfasen der Bleche (bessere Durchschweißung)
- Bei Torsionsbelastung geschlossene Profile wählen
- Halbzeuge, Formstücke sowie Guss- oder Schmiedeteile verwenden
- Bei dünnwandigen Konstruktionen Beulen prüfen
- Versatz der Quernähte von Steg und Flansch
- Abweichungstolerante Konstruktion („überlappender" T-Stoß).

Diese werden nachfolgend erläutert.

Steifigkeitssprünge Diese können auf zwei Arten erzeugt werden: Schweißverbindungen von einem dicken und einem dünnen Blech (Sprung der Blechstärke, siehe Punkt große Wanddickenänderung vermeiden) oder schroffe Querschnittsänderung in einem Blech (durch den Zuschnitt). Letzterer ist meist einfach zu vermeiden. Durch den heute üblichen computerbasierten Zuschnitt sind sämtliche Querschnittsänderungen so sanft wie möglich zu gestalten: Große Übergangsradien, verlaufende Übergänge mit verschiedenen Radien. Als einfache Merkregel soll gelten: Den Blechzuschnitt immer rund gestalten, keine scharfen Innenkanten (scharfe Außenkanten liegen meist im Spannungsschatten).

Nahtansätze gering belasten Der Anfang und das Ende einer Naht sind immer besonders rissgefährdet. Ein aufgesetztes Stegblech sollte daher z. B. nicht rechtwinklig abgeschnitten, sondern sanft auslaufend gestaltet werden.

Quernähte kritischer als Längsnähte In Querrichtung ertragen Schweißnähte nur ca. 50 bis 70 % der Spannung in Längsrichtung (abhängig von der Nahtform und -ausführung). In Querrichtung wirken die Kerben des Nahtübergangs oder der Schweißnahtwurzel wesentlich stärker als in Längsrichtung. In Längsrichtung sind eher Anfangs- und Endpunkte einer Naht kritisch. Werden diese in Bereiche niedriger Beanspruchung gelegt, weisen durchgehende Längsnähte eine deutlich erhöhte Lebensdauer auf. In komplexeren Strukturen stellen diese damit meist kein Problem dar.

Zugänglichkeit Hat der Schweißer kaum Zugang zur Naht, kann diese beim Schweißen sogar gar nicht sehen oder benötigt eine Verlängerung für den Schweißbrenner, kann die Naht kaum die geforderten Beanspruchungen ertragen. In diesem Zusammenhang ist unbedingt auch die Fertigung unter realistischen Serienbedingungen zu berücksichtigen. Kann jeder Schweißer diese Naht zu jeder Zeit sicher und reproduzierbar erstellen? Hilfsmittel wie Spiegel, Brennerverlängerung etc. werden nicht von allen Werkern gleich gut gehandhabt. Zusätzlich hat es die Qualitätsprüfung in diesen Fällen sehr schwer, die Qualität einer Naht sicher zu bewerten. Damit sind Ausführung und Prüfung unsicher und nicht reproduzierbar. Manchmal ist es daher besser, auf eine Naht zu verzichten oder die Konstruktion anders zu gestalten.

Fertigungsprozess abstimmen Werden von der Konstruktion besondere oder neue Schweißverbindungen vorgesehen, so sind diese im Vorfeld mit der Produktion abzustimmen. Im Idealfall werden frühzeitig Schweißversuche möglichst an einer Realgeometrie (Zugänglichkeit, Handling) durchgeführt. Nur wenn diese erfolgreich sind (jeder Schweißer kann diese Naht sicher und reproduzierbar erstellen), sollte diese Verbindung für Konstruktionen verwendet werden. Manchmal kommt es auch vor, dass die Konstruktion oder die Fertigung der jeweils anderen Unternehmenseinheit etwas „Gutes tun will" und daher Details oder Fertigungsschritte vorsieht, die dem anderen „bestimmt helfen". Dies ist zum Teil sogar kontraproduktiv – das Beste ist immer eine intensive Kommunikation in beide Richtungen.

Einseitige Kehlnähte Gerade beim Anschluss von einzelnen Blechen (keine Kastenprofile) sind einseitige Kehlnähte sehr ungünstig. Wirkt die äußere Belastung derart, dass die Wurzel auf Zug belastet wird, kommen mehrere kritische Faktoren zusammen: Die Wurzel ist hinsichtlich Ermüdung die empfindlichste Stelle einer Schweißnaht und die Kraftumlenkung ist sehr ungünstig. Die Zugspannungen sind in diesem Fall höher als die Druckspannungen.

Anzahl Schweißnähte minimieren Es gibt die alte Regel aus der Schweißkonstruktion: Die beste Schweißnaht ist die weggelassene Schweißnaht. Betrachtet man die Wöhlerlinien für Schweißnähte und Grundwerkstoffe (Kap. 6), so erkennt man sofort den Hintergrund. Die Wöhlerlinie jeder Schweißnaht ist schlechter als die des Grundwerkstoffs. Schweißnähte sind, obgleich sie eine wichtige Verbindungsform mit hoher statischer Festigkeit darstellen, immer Schwachpunkte hinsichtlich der Schwingfestigkeit in einer Struktur. Zugleich unterliegen Sie in dieser Hinsicht einer erheblichen Streuung. Können diese Schwachstellen vermieden werden, sinkt die Ausfallwahrscheinlichkeit signifikant. Wo möglich sollte man daher statt einer Schweißnaht auf andere Lösungen setzen: Z. B. Abkanten statt T-Stoß oder komplizierte Verbindungen besser mithilfe von Schmiede- oder Gussteilen gestalten und die Bleche einfach per Stumpfnaht an diese Knotenstrukturen anbinden.

Nahtanhäufungen vermeiden Bei Rissen an einer schwierigen Verbindung werden in der Praxis manchmal noch zusätzliche Verstärkungsbleche oder Steifen aufgeschweißt, statt die Verbindung sauber mit wenigen, gut zugänglichen Nähten zu gestalten. Kreuzen sich mehrere Nähte, so können sich die Längs- und Quereigenspannungen der einzelnen Nähte sehr ungünstig überlagern. Zusätzlich kann durch die geometrische Komplexität ein mehrachsiger Spannungszustand in diesem Kreuzungsbereich kreiert werden. Dieser verhindert ein Plastifizieren beim Überschreiten der Streckgrenze und begünstigt damit einen möglichen Anriss (siehe Kap. 5).

Schweißnähte nicht im Bereich hoher Beanspruchung Hat man die Möglichkeit, legt man Schweißnähte in Zonen, die weniger beansprucht sind. Dies ist manchmal leichter als es auf den ersten Blick scheint. Gerade Anschlussbleche für Konsolen, Befestigungs-flansche etc. können meist problemlos etwas verschoben werden. Anhand von FEM-Ergebnissen von Grundstrukturen können leicht Zonen ermittelt werden, die besonders hoch oder niedrig beansprucht sind. Legt man Konsolen, Befestigungsflansche etc. in die niedrig beanspruchten Bereiche, so können Risse meist gut vermieden werden.

Große Wanddickenänderungen vermeiden Beim Wechsel von einem dicken auf ein dünnes Blech ist das dicke Blech bis auf das Maß des dünnen Blechs anzufasen. Um sekundäre Biegemomente zu vermeiden, sollte das dickere Blech auf beiden Seiten angefast werden (Blechmittellinien fluchten). Die Steigung sollte 1:5 betragen. Damit sind bei großen Blechdickenunterschieden lange und teure Anfasungen nötig. Es kann sinnvoll sein, den Übergang in zwei Schritten zu gestalten.

Belastung in Blechdickenrichtung vermeiden Da Bleche durch Auswalzen von dickeren Brammen erzeugt werden, ergibt sich im Blech eine gestreckte, gerichtete aber dünnere Struktur als im Rohling. Ist z. B. eine kugelförmige Fehlstelle (Einschluss o. Ä.) in einer Bramme, so wird aus dieser im Walzprozess ein flächenförmiger Fehler. Dieser liegt in einer Ebene des Blechs parallel zu dessen Oberfläche. Die flächenförmige Aus-dehnung dieses Fehlers ist um Faktoren größer als die der ursprünglichen Fehlstelle, die Dicke ist um Faktoren kleiner. Bei der Prüfung des Blechs in Längsrichtung kommt der Fehler kaum zum Tragen, da er parallel zur Lastrichtung liegt und bezüglich des wirk-samen Querschnitts vernachlässigbar klein ist. Senkrecht zur Blechebene ist der Fehler aber sehr groß. Bei Belastung in Blechdickenrichtung hat der Fehler damit einen großen Einfluss. Es kann zu einem sogenannten Terrassenbruch kommen. Das Blech trennt sich „wie ein Blätterteig". Abhilfe schaffen hier Bleche in sogenannter Z-Qualität. Diese Bleche werden stichprobenartig hinsichtlich der genannten Fehlstellen (z. B. mittels Ultraschallverfahren) geprüft.

Anfasen der Bleche Das Anfasen der Bleche zur besseren Durchschweißung hat zwei wesentliche Vorteile: Bei Durchschweißung ist der tragende Querschnitt der Naht höher und die Kraftumlenkung wird reduziert. Beides führt zu geringeren lokalen Spannungen und damit zu einer höheren globalen Schwingfestigkeit der Naht. Nachteilig ist der höhere Aufwand: Das Anfasen muss meist durch mechanische Bearbeitung erfolgen und auch der Nahtquerschnitt erhöht sich. Mit zunehmendem Schweißnahtvolumen erhöhen sich Produktionszeit und –kosten.

Geschlossene Profile bei Torsionsbelastung Bei geschlossenen Profilen unter Torsionsbelastung kann die Schubspannung im geschlossenen Pfad wirken. Bei offenen Profilen muss die Schubspannung an der Profilkante „umdrehen" und kann nur innerhalb des Profils wirken. Daher sind geschlossene Profile bei Torsionsbelastung um Faktoren besser als offene. Dies gilt für Festigkeit und Steifigkeit. In Abb. 10.1 ist der benötigte Querschnitt für die gleiche Verdrehfestigkeit (gleiches Widerstandsmoment W_t) dargestellt.

Halbzeuge, Formstücke sowie Guss- und Schmiedeteile Komplizierte Verbindungen, Knoten oder Lasteinleitungen lassen sich oft mittels spezieller Geometrien leichter lösen als durch sehr aufwändige Schweißkonstruktionen. Z. T. genügen Halbzeuge, Formstücke (z. B. für Rohre, siehe DIN EN 10253 Teile 1 bis 4) zur Vereinfachung komplexer Schweißgeometrien. Bei größeren Stückzahlen können sich eigene, speziell gefertigte Guss- oder Schmiedeteile sehr gut eignen. Die Gestaltung dieser Teile sollte so erfolgen, dass diese in möglichst vielen Konstruktionen zur Anwendung kommen. Auch eine maximale Funktionsintegration sollte bei der Gestaltung der Teile vorgesehen werden.

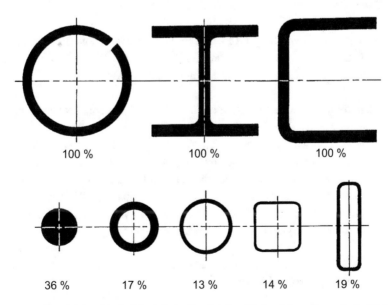

Abb. 10.1 Profile gleicher Verdrehfestigkeit: für gleiches Wt benötigte Querschnittsflächen in %. (Adaptiert nach Niemann et al. 2019, mit freundlicher Genehmigung von © Springer-Verlag Berlin 2005. All Rights Reserved)

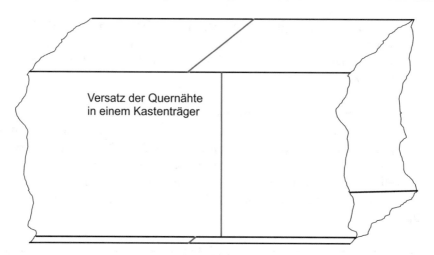

Versatz der Quernähte
in einem Kastenträger

Abb. 10.2 Quernähte in einem geschweißten Träger sollten versetzt sein, damit ein möglicher Riss nicht leicht in die Nachbarnaht durchlaufen kann

Absicherung gegen Beulen Gerade beim Einsatz höherfester Stähle können Blechstärken z. T. deutlich reduziert werden. Da die Wandstärke in dritter Potenz in die Beulempfindlichkeit eines Blechfelds eingeht, können schon geringe Wandstärkereduktionen nennenswerte Nachteile bezüglich Beulen mit sich bringen. Im Zweifelsfall sollte dies durch geeignete Berechnungen oder Tests abgesichert werden.

Versatz der Quernähte von Steg und Flansch Werden Profile aus Blechen geschweißt, so sind die Quernähte versetzt anzuordnen. Im Falle eines Risses in einer Naht kann dieser nicht so leicht in die anderen Nähte weiterwandern, Abb. 10.2.

Abweichungstolerante Konstruktionen Für eine fachgerechte Schweißung ist das Einhalten zulässiger Spaltmaße sehr wichtig. Diese können sich bei komplexeren Konstruktionen (z. B. Kastenträger) durch ungünstige Toleranzen sehr nachteilig entwickeln. Mit der Folge, dass die letzten eingebrachten Bleche z. T. auf Maß eingepasst werden müssen, um Spaltmaße einzuhalten. Gerade bei Stumpfstößen hat der Schweißer keine Möglichkeit ein zu kurzes Blech anzupassen. Wird bei komplexeren Strukturen eine oder mehrere Nähte geschickt als T-Stoß vorgesehen, können hier einige Fertigungstoleranzen sehr gut ausgeglichen werden.

10.3   Konstruktionsbeispiele

Für Standardfragestellungen wie Kastenträger, Blechanschlüsse etc. werden verschiedene Lösungen vor- und gegenübergestellt. Wichtig ist, dass es nicht die beste Lösung gibt, sondern dass jede Lösung ihre spezifischen Vor- und Nachteile hat.

10.3.1 Gestaltung von Trägerprofilen

Für geschlossene Trägerprofile gibt es zwei grundsätzliche Lösungsansätze: Es kann ein Kasten aus vier Blechen zusammengesetzt werden (drei wären auch möglich, wird hier nicht näher behandelt) oder es werden zwei U-Profile an den Schenkelenden verbunden (die Lösung mit einem U-Profil und einem Abschlussblech sei ein Sonderfall des zweiten Ansatzes).

Die Querschnitte zweier typischer Trägerprofile für verschiedene Anwendungen sind in Abb. 10.3 dargestellt.

Das obere Profil wird z. B. bei Auslegern von Teleskopkranen eingesetzt. Typische Anforderungen in dieser Anwendung sind:

- Prismatisches Profil (für Teleskopfunktion),
- Sehr hohe Leichtbauanforderung
- Verwendung von Stählen hoher und höchster Festigkeiten (z. B. S. 1100),
- Sehr hohe Beulsicherheit (mit Druckzone unten und Zugzone oben).

Für diese Anwendung ist das Profil sehr gut geeignet. Die bei hohen Festigkeiten kritische Schweißnaht liegt in der neutralen Faser. Bei Biegung wird sie entsprechend wenig beansprucht (theoretisch nur durch Schubbeanspruchung aus Querkraft). Hinsichtlich Beulen weisen gekrümmte Querschnitte die höchsten Sicherheiten auf (deutlich höher als gerade Bleche, wie z. B. bei b)). Damit können sehr dünne Wandstärken gewählt werden. Die Auslegung der Profile in dieser Anwendung wird üblicherweise vor allem durch das Beulen bestimmt.

Eine Krümmung der Träger durch entsprechenden Zuschnitt ist bei dieser Bauform nicht möglich und hinsichtlich der Anforderung auch nicht nötig. Eine Verjüngung des Kastenquerschnitts ist mit dieser Konstruktion möglich. Hierzu werden die Schenkel des gekanteten U-Profils zunehmend verkürzt. Die Schweißnaht wandert dabei aber aus der neutralen Faser zunehmend nach oben. Alternativ kann man, bei geringerer Beulsicherheit, das Profil auch aus zwei gekanteten U-Profilen bauen. Werden bei beiden Hälften die Schenkel gleichmäßig (über der Länge) verkürzt, bleibt die Schweißnaht trotz Verjüngung des Trägers in der neutralen Faser. Eine Krümmung ist trotzdem nicht möglich.

Das untere Profil aus Abb. 10.3 ist sehr weit verbreitet. Als Beispiel seien die Anforderungen als Ausleger bei einem Hydraulikbagger genannt:

- Krümmung des Trägers muss möglich sein
- Verjüngung des Trägers muss möglich sein
- Hohe Leichtbauanforderung
- Verwendung üblicher Baustähle
- Hohe Anforderung an das Betriebsfestigkeitsverhalten.

Eine Krümmung und Verjüngung des Trägers ist mit diesem Profil möglich (hier nicht dargestellt): Die Stegbleche werden entsprechend zugeschnitten, die Gurtbleche passend

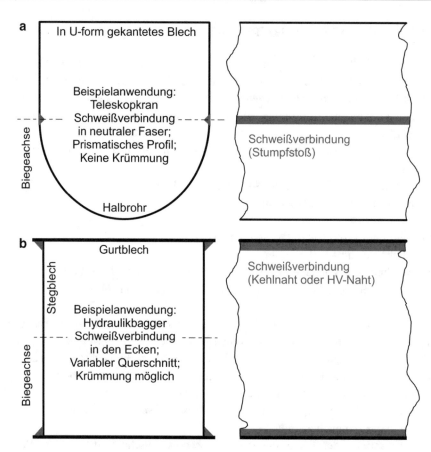

Abb. 10.3 Querschnitt von zwei typischen geschlossenen Trägerprofilen; Biegebeanspruchung primär um gezeichnete Biegeachse; (**a**) Verbindung von zwei U-förmigen Profilen (hier Halbrohr und gekantetes Blech) mit Schweißverbindung in neutraler Faser. (**b**) Kastenprofil aus vier Blechen geschweißt, Schweißverbindungen in der Ecke

gerondet. Da die Biegeradien sehr groß sind, ist das Ronden auch bei größeren Wandstärken möglich. Bei sehr großen Wandstärken erfolgt dies z. T. in der Praxis durch mehrere Kantungen mit kleinem Winkel. Durch getrennte Gurt- und Stegbleche lassen sich die Träger sehr gut hinsichtlich Biege- und Torsionsbeanspruchung auslegen: Für hohe Biegelasten eher dickere Gurtbleche, für hohe Torsionslasten eher gleichmäßige Wandstärke bei Gurt und Steg. Die Schweißnähte in den Ecken werden bei geraden Trägern nur in Längsrichtung beansprucht. Vorsicht ist bei gekrümmten Trägern geboten: Hier treten sekundäre Spannungen senkrecht zur Schweißnaht auf – dies ist bei der Auslegung der Nähte zu beachten. Je enger die Krümmung des Trägers umso stärker ist der Effekt.

Betrachtet man den Träger aus Abb. 10.3b tiefer, so ergeben sich noch Abwandlungen, die auch jeweils ihre Vor- und Nachteile haben, siehe Abb. 10.4.

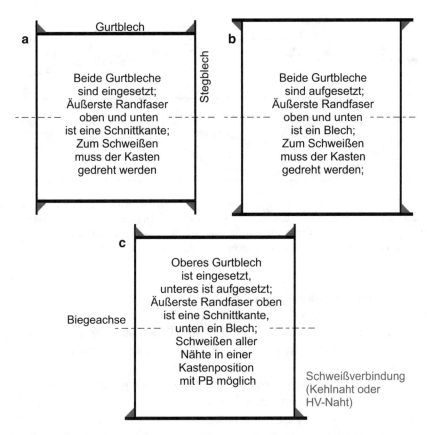

Abb. 10.4 Weitere Bauformen des Kastenträgers aus Abb. 10.3b: (**a**) Gurtbleche oben und unten zwischen die Stege eingesetzt; (**b**) Gurtbleche oben und unten aufgesetzt (wie bei Abb. 10.3b; (**c**) Mischform: Ein Gurtblech eingesetzt, das zweite aufgesetzt

Diese vermeintlich geringen Unterschiede haben hinsichtlich Fertigungstoleranzen sowie kritischer Zonen bezüglich der Betriebsfestigkeit großen Einfluss: Bei gekrümmten Trägern oder bei gerondeten oder gekanteten Gurtblechen hat die Bauform a) große Vorteile hinsichtlich der Fertigungstoleranzen. Ein Ronden oder Kanten von Gurtblechen ist grundsätzlich mit gewissen Toleranzen behaftet (z. B. durch die Rückfederung). Bei Bauform b) müssen diese „krummen" Bleche exakt auf die entsprechend zugeschnittenen Stegbleche passen. Bei größeren Wandstärken lassen sich die Gurtbleche während des Zusammenbaus nicht mehr leicht an die Stegbleche anpassen – auch mit hydraulischen Spannverfahren. Die Folge sind z. T. große Spaltmaße zwischen Gurt und Steg – mit allen Konsequenzen bezüglich Schweißbarkeit und Festigkeit der Verbindung. Bei a) wirkt nur die Zuschnittgenauigkeit der Gurte in Breitenrichtung (diese ist recht hoch), Abweichungen bei Rondungsradien oder Abkantungen fallen nicht ins Gewicht, da die Gurtbleche zwischen den Stegen sitzen und nicht auf diesen, siehe Abb. 10.5.

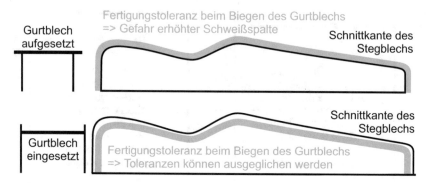

Abb. 10.5 Einfluss identischer Fertigungstoleranzen (in Grün) beim Biegen von Gurtblechen: aufgesetzt (oben) und eingesetzt (unten). Bei aufgesetzten Gurtblechen besteht die Gefahr erhöhter Schweißspalte, da dickere Bleche nicht mehr ausreichend angedrückt werden können. Bei eingesetzten Gurtblechen können diese Toleranzen in erheblichem Umfang ausgeglichen werden

Eine Mischform ist die Variante c) der Abb. 10.4: Der obere Gurt ist eingesetzt, der untere Gurt wird auf die Stege gesetzt. Diese Variante hat einen großen Vorteil beim Schweißen: Die Längsnähte des Trägers lassen sich alle von oben mit der Brennerposition PB schweißen. Ein zusätzliches Umdrehen des Trägers ist für das Schweißen der Längsnähte nicht nötig.

Hinsichtlich der Rissbildung unter Schwingbeanspruchung ist noch folgendes zu beachten: Die höchsten Biegespannungen treten in der Randfaser auf. Ist diese die Schnittkante der Bleche, wie bei a), muss den Kanten besondere Aufmerksamkeit gewidmet werden: Eventuelle Riefen vom Brennschneiden müssen in hochbeanspruchten Bereichen entfernt werden. Außerdem sind die Kanten zu brechen. Beides muss durch Schleifen in Längsrichtung erfolgen.

Bei der Lösung b) sind die Schnittkanten weniger exponiert. Hier genügt eventuell ein Brechen der Kanten, ohne komplettes Schleifen der Schnittkanten. Aufgrund des größeren Abstands der Gurtbleche von der neutralen Faser bei Lösung b) als bei a) hat erstere theoretisch etwas mehr Reserven bezüglich Festigkeit und Steifigkeit.

Tritt zusätzlich Biegung um die Hochachse auf, so drehen sich für diese Belastung die Verhältnisse um.

10.3.2 Blechanschlüsse

Eckversteifung EineEckversteifung kann ein einfaches Dreiecksblech sein oder eine festigkeitsoptimierte Form haben, siehe Abb. 10.6. Der Aufwand für den Schweißer ist der gleiche, nur der Zuschnitt der Versteifung ist etwas aufwändiger. Da heute die Geometrie des 2D-Zuschnitts ohnehin aus dem CAD-Programm an die Schnittsteuerung

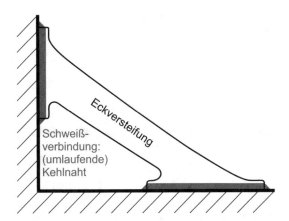

Abb. 10.6 Festigkeitsoptimierte Eckversteifung. Rot dargestellt die Schweißverbindung (hier typischerweise Kehlnaht)

weitergeleitet wird, ist der wirkliche zusätzliche Aufwand äußerst gering. Die Übergänge und Überlappungen können mittels FEM-Optimierungsmethoden verbessert und auf den jeweiligen Anwendungsfall angepasst werden.

Eine derartige Eckversteifung reduziert die Spannungen in der Schweißnaht, in der Versteifung selbst sowie auch in den angrenzenden Bauteilen gegenüber einer einfachen Lösung mit einem Dreieck. Die Länge der Schweißverbindung kann dem Bedarf angepasst werden. Dargestellt ist hier bewusst eine asymmetrische Lösung, um die möglichen Konstruktionsfreiheitsgrade zu unterstreichen. Hier ist aber Vorsicht vor Verwechslung der Position beim Einbau geboten. Eine symmetrische Form kann bei entsprechenden Randbedingungen ebenfalls eingesetzt werden – diese kann nicht falsch herum positioniert werden.

Ein großzügiger Ausschnitt der Versteifung in der Ecke erlaubt eine gute Zugänglichkeit beim Schweißen und ein Schließen der umlaufenden Kehlnähte.

Lasteinleitung in ein Blech DieLasteinleitung in einen Kasten oder Träger erfolgt oft am Gurt. Kräfte, die durch Hydraulikzylinder, Zugseile oder Streben anliegen, sollen möglichst gleichmäßig in eine Struktur eingeleitet werden. Neben der eigentlichen Lasteinleitung sind auch lokale Kerbwirkungen der Nähte (Nahtübergänge) für das Blech selbst zu beachten. In einem Gurt liegen oft Spannungen an, die auch Risse in diesem zur Folge haben können. Bei einer Kraftkomponente senkrecht zum Blech ist dieses nach unten durch ein Schottblech abzustützen. Ein „Pumpen" von Blechen ist immer zu vermeiden. Ein Beispiel für eine Konstruktion zeigt Abb. 10.7.

Abschluss einer Längsnaht am T-Stoß In beiden oben genannten Fällen gibt es für die Schweißnahtenden mehrere Möglichkeiten des Abschlusses

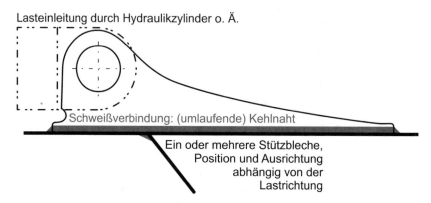

Abb. 10.7 Beispiel einer Anschlusskonstruktion für die Lasteinleitung eines Hydraulikzylinders in ein Blech

- Umlaufende Naht
- Schweißende vor Blechende
- Schweißnaht als Blindraupe weiterführen.

Zusätzlich können diese Enden noch durch verschiedene Nahtnachbehandlungsverfahren variiert werden. Eine Übersicht der Lösungen zeigt Abb. 10.8.

Die **umlaufende Naht** hat den Vorteil des dichten Abschlusses: Die Bildung von Korrosion im Fügespalt kann wirksam verhindert werden, es treten keine Rostverfärbungen aus dem Spalt auf. Um die Problematik der Start- und Endpunkte nicht in die kritische Zone zu legen, sollten diese etwas entfernt von der Stirnseite platziert werden. Das umlaufende Schweißen der Naht an der Stirnseite sollte in einem Durchgang ohne Unterbrechung erfolgen. Wichtig ist hier eine gute Zugänglichkeit für den Schweißer. Die Qualität der Ausführung hängt bei dieser Lösung durchaus auch von den Fähigkeiten des Schweißers ab. Eine Automatisierung dieser Schweißung mittels Roboter ist sehr anspruchsvoll. Ein Schleifen des stirnseitigen Nahtübergangs sollte nur in Längsrichtung erfolgen. Daher ist nicht mit der Schleifscheibe (Winkelschleifer) sondern mittels Schleifstein (Geradschleifer) zu arbeiten.

Das **Stoppen der Schweißnaht vor dem Blechende** ist eine sehr einfache und auch wirksame Methode, um der vorliegenden Problematik zu entgehen. Die Schwingfestigkeit dieser Lösung ist – abhängig von den Belastungen am aufgeschweißten Blech sowie am Gurtblech eher schlechter als bei der Lösung mit umlaufendem Schweißen. Außerdem ergibt sich hier die Problematik der Korrosion im Fügespalt: Der enge Spalt wird durch eine Lackierung nicht sicher erreicht und abgedeckt (selbst bei Tauchlackierung). In einer feuchten Umgebung entsteht dort Korrosion und durch Wasseraustritt bilden sich unschöne Rostspuren in der Umgebung des Nahtendes. In der Praxis wird dies meist durch eine separat aufgebrachte Silikonfuge verhindert.

Abb. 10.8 Grundsätzliche
Möglichkeiten zur Gestaltung
der Schweißnähte am
Abschluss eines T-Stoßes: (**a**)
Umlaufende Naht, (**b**) Beenden
der Schweißnaht vor dem
Blechende, (**c**) Weiterführen
der Schweißnaht als
Blindraupe (manchmal wird
die Blindraupe auch in einem
Bogen seitlich weggeführt)

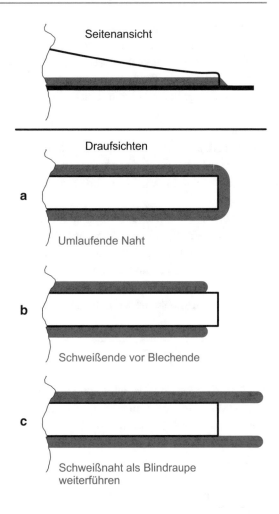

Diese zuletzt genannte Problematik tritt auch bei der dritten Lösung auf: Dem **Weiterführen der Naht als Blindraupe.** Hierbei wird eine Raupe ca. 40 bis max. 100 mm über
das Ende der Blechstirnseite weitergeschweißt. Dies kann gerade oder in einem Bogen
(meist nach außen) erfolgen. Vorteilhaft ist auch hier die Einfachheit der Lösung und die
leichte Beherrschbarkeit. Dieses Verfahren kann auch sehr gut in einem automatisierten
Schweißprozess angewendet werden. Wenn es die Randbedingungen erlauben, wird
die Blindraupe bis in eine Zone mit geringer Spannung im Grundblech geführt. Führt
man die Raupen steil nach innen, kann sich auch eine Mischform mit der ersten Lösung
(umlaufende Naht) ergeben – eventuell mit einem Schließen des Fügespalts (Vermeiden der
Korrosion). Die beiden Schlussraupen können direkt übereinander enden – dies erfordert
aber einiges Geschick des Schweißers. Hinsichtlich der Schwingfestigkeit ist das Weiterführen als Blindraupe meist besser als das Stoppen der Schweißnaht vor dem Blechende.

Darüber hinaus gibt es noch eine Vielzahl von Abwandlungen: Die Stirnseite des Blechs kann zusätzlich bearbeitet sein (angespitzt oder abgerundet). Das aufgesetzte Blech kann unten (längs und/oder stirnseitig) angefast sein (dann HV-Naht). Durch aufwändiges Schleifen können sehr sanfte Übergänge gestaltet werden. Die Eignung der Lösungen hängt von mehreren Randbedingungen ab:

- Kosten
- Schweißnahtnachbehandlung (z. B. Schleifen)
- Komplett automatisierte Schweißung
- Beanspruchungsverhältnisse im Gurt und im aufgesetzten Blech.

Wird höchste Festigkeit gefordert, so ist ein Anfasen des aufgesetzten Blechs mit einer durchgehenden Schweißung sowie aufwändigem Verschleifen und Ausrunden der Übergänge die beste Lösung. Hier müssen die meisten Schritte manuell erfolgen.

Ein guter Kompromiss bezüglich des Aufwands und der Festigkeit ist das Weiterführen der Naht als Blindraupe. Diese Anschlussart lässt sich sehr gut automatisieren. Die Korrosionsproblematik durch den offenen Spalt muss beachtet werden.

Normenverzeichnis

DVS 1608-1:2022-02, Gestaltung und Festigkeitsbewertung von Schweißkonstruktionen aus Aluminiumlegierungen im Schienenfahrzeugbau

DVS 1608-2:2020-10, Kommentar zur Richtlinie DVS 1608-1: Gestaltung und Festigkeitsbewertung von Schweißverbindungen an Aluminiumlegierungen im Schienenfahrzeugbau

DIN EN 10253-1:1999-11, Formstücke zum Einschweißen – Teil 1: Unlegierter Stahl für allgemeine Anwendungen und ohne besondere Prüfanforderungen; Deutsche Fassung EN 10253-1:1999

DIN EN 10253-2:2021-11, Formstücke zum Einschweißen – Teil 2: Unlegierte und legierte ferritische Stähle mit besonderen Prüfanforderungen; Deutsche Fassung EN 10253-2:2021

DIN EN 10253-3:2009-02, Formstücke zum Einschweißen – Teil 3: Nichtrostende austenitische und austenitisch-ferritische (Duplex-) Stähle ohne besondere Prüfanforderungen; Deutsche Fassung EN 10253-3:2008

DIN EN 10253-4:2017-11 – Entwurf, Formstücke zum Einschweißen – Teil 4: Austenitische und austenitisch-ferritische (Duplex-)Stähle mit besonderen Prüfanforderungen; Deutsche und Englische Fassung prEN 10253-4:2017

Literatur

Fahrenwaldt, H., et al.: Praxiswissen Schweißtechnik – Werkstoffe, Prozesse, Fertigung, 5. Aufl. Springer, Wiesbaden (2014)

Hofmann, H.-G., Mortell, J.W., Sahmel, P., Veit, H.-J.: Grundlagen der Gestaltung geschweißter Stahlkonstruktionen. DVS Fachbuchreihe Bd. 12. Düsseldorf. DVS Media GmbH (2005)

Matthes, K.-J.: Schweißtechnik: Schweißen von metallischen Konstruktionswerkstoffen, 6. Aufl. Hanser, München (2016)

Niemann, G. et al. (Hrsg.): Maschinenelemente 1 – Konstruktion und Berechnung von Verbindungen, Lagern, Wellen. 5. Aufl. Berlin: Springer Vieweg (2019)

Neumann, A., Neuhoff, R.: Kompendium der Schweißtechnik Band 4: Berechnung und Gestaltung von Schweißkonstruktionen. Fachbuchreihe Band 128/4 Düsseldorf. DVS Media GmbH (2002)

Ruge, J.: Handbuch der Schweißtechnik. Band III: Konstruktive Gestaltung der Bauteile. Springer, Berlin (1985)

Schuler, V. (Hrsg.): Schweißtechnisches Konstruieren und Fertigen. Vieweg, Braunschweig (1992)

Glossar

Englisch – Deutsch

Accessibility	Zugänglichkeit
Arc Welding	Lichtbogenschweißen
Austenitic Steel	austenitischer Stahl
Beam Welding	Strahlschweißen
Blasting	Strahlen
Brittle	Spröde
Buckling	Stabilitätsversagen
Butt Joint	Stumpfstoß
Cast Steel	Stahlguss
Chamfer	Anfasung
Charpy Impact Test	Kerbschlagbiegeversuch
Cutting	Zuschnitt
Damage	Schädigung
Damage Spectrum	Schädigungskollektiv
Deep-Weld Effect	Tiefschweißeffekt
Design Life	Ziellebensdauer
Destructive Testing	zerstörende Prüfverfahren
Duplex Stainless Steel	Duplexstahl
Ductility	Duktilität
EU Machinery Directive	EU Maschinenrichtlinie
Eddy Current Testing	Wirbelstromprüfung
Electron Beam Welding	Elektronenstrahlschweißen
Execution Class	Ausführungsklasse

R. Späth, *Betriebsfeste Konstruktion und Berechnung von Schweißverbindungen*, https://doi.org/10.1007/978-3-658-40789-6

Failure Analysis	Schadensanalyse
Fatigue	Betriebsfestigkeit; Ermüdung
Fatigue Action	Ermüdungsbelastung
Fatigue Assessment	Ermüdungsberechnung
Fatigue Damage Analysis	Schädigungsrechnung
Fatigue Resistance	Schwingfestigkeit
Fatigue Test	Schwingversuch
Fine Grain Steel	Feinkornstahl
Flat Position	Wannenlage
Forged Steel	Schmiedestahl
Forming	Formieren
Frequency Density	Häufigkeitsdichte
Friction Stir Welding	Rührreibschweißen
Friction Welding	Reibschweißen
Full Penetration	Durchschweißung
Gas Tungsten Arc Welding	Wolfram-Schutzgasschweißen
Gas Metal Arc Welding	Metall-Schutzgasschweißen
Grinding	Schleifen
Hardness	Härte
Hardness Test	Härteprüfung
Heat Conductivity	Wärmeleitfähigkeit
Imperfection	Unregelmäßigkeit
Laser Beam Welding	Laserstrahlschweißen
Laser Cutting	Laserschneiden
Lateral Strain	Querdehnung
Lightweight Structure	Leichtbaustruktur
Load Spectrum	Lastkollektiv
Magnetic Particle Testing	Magnetpulverprüfung
Material	Werkstoff
Mean Stress	Mittelspannung
Mean Value	Mittelwert
Micrograph	Schliffbild
Needling	Nageln
Nominal Stress	Nennspannung
Non-Destructive Testing	zerstörungsfreie Prüfverfahren
Notch	Kerbe
Notch Sensitivity	Kerbempfindlichkeit

Opening Angle	Öffnungswinkel
Oxy-Fuel Cutting	Brennschneiden
Peening	Hämmern
Penetrant Testing	Eindringprüfung
Plasma Cutting	Plasmaschneiden
Plastification	Plastifizieren
Post-Weld Treatment	Schweißnahtnachbehandlung
Principal Stress	Hauptspannung
Probability of Survival	Überlebenswahrscheinlichkeit
Process Reliability	Prozesssicherheit
Production	Fertigung
Quality Group	Bewertungsgruppe
Quality Management	Qualitätsmanagement
Radiographic Testing	Durchstrahlungsprüfung
Residual Welding Stress	Schweißeigenspannungen
Root Crack	Wurzelriss
S-N-Curve	Wöhlerlinie
Spot Welding	Punktschweißen
Slenderness Ratio	Schlankheitsgrad
Stainless	nichtrostend
Staircase Method	Treppenstufenverfahren
Standard Deviation	Standardabweichung
Straightening	Richten
Strain to Rupture	Bruchdehnung
Stress Amplitude	Spannungsamplitude
Stress Analysis	Festigkeitsrechnung
Stress Range	Spannungsschwingweite
Stress Ratio	Spannungsverhältnis
Stress Relief Annealing	Spannungsarmglühen
Structural Steel	Baustahl
Structural Stress	Strukturspannung
Submerged Arc Welding	Unterpulverschweißen
Tacking	Heften
Tensile Test	Zugversuch
Throat Thickness	a-Maß
TIG-Post-Treatment	WIG-Nachbehandlung
Toe Crack	Nahtübergangsriss

Tolerance Chain	Toleranzkette
U-Joint	U-Naht
Ultrasonic Testing	Ultraschallprüfung
V-Joint	V-Naht
Verifiability	Prüfbarkeit
Visual Testing	Sichtprüfung
Water Jet Cutting	Wasserstrahlschneiden
Wear-resistant steel	verschleißresistenter Stahl
Web Width	Stegbreite
Weld Gap	Spaltmaß
Weld Preparation	Nahtvorbereitung
Weld Volume	Nahtvolumen
Welding Fixture	Schweißvorrichtung
Welding Position	Schweißposition
Welding Process	Schweißverfahren
Welding Supervisor	Schweißaufsicht
Welding Symbol	Nahtsymbol

Deutsch – Englisch

a-Maß	Throat Thickness
Anfasung	Chamfer
Ausführungsklasse	Execution Class
Austenitischer Stahl	Austenitic Steel
Baustahl	Structural Steel
Betriebsfestigkeit	Fatigue
Bewertungsgruppe	Quality Group
Brennschneiden	Oxy-Fuel Cutting
Bruchdehnung	Strain to Rupture
Duktilität	Ductility
Duplexstahl	Duplex Stainless Steel
Durchschweißung	Full Penetration
Durchstrahlungsprüfung	Radiographic Testing
Eindringprüfung	Penetrant Testing
Elektronenstrahlschweißen	Electron Beam Welding
Ermüdung	Fatigue

Ermüdungsbelastung	Fatigue Action
Ermüdungsberechnung	Fatigue Assessment
EU Maschinenrichtlinie	EU Machinery Directive
Feinkornstahl	Fine Grain Steel
Fertigung	Production
Festigkeitsrechnung	Stress Analysis
Formieren	Forming
Hämmern	Peening
Härte	Hardness
Härteprüfung	Hardness Test
Häufigkeitsdichte	Frequency Density
Hauptspannung	Principal Stress
Heften	Tacking
Kerbe	Notch
Kerbempfindlichkeit	Notch Sensitivity
Kerbschlagbiegeversuch	Charpy Impact Test
Laserschneiden	Laser Cutting
Laserstrahlschweißen	Laser Beam Welding
Lastkollektiv	Load Spectrum
Leichtbaustruktur	Lightweight Structure
Lichtbogenschweißen	Arc Welding
Magnetpulverprüfung	Magnetic Particle Testing
Metall-Schutzgasschweißen	Gas Metal Arc Welding
Mittelspannung	Mean Stress
Mittelwert	Mean Value
Nageln	Needling
Nahtsymbol	Welding Symbol
Nahtübergangsriss	Toe Crack
Nahtvolumen	Weld Volume
Nahtvorbereitung	Weld Preparation
Nennspannung	Nominal Stress
Nichtrostend	Stainless
Öffnungswinkel	Opening Angle
Plasmaschneiden	Plasma Cutting
Plastifizieren	Plastification
Prozesssicherheit	Process Reliability

Prüfbarkeit	Verifiability
Punktschweißen	Spot Welding
Qualitätsmanagement	Quality Management
Querdehnung	Lateral Strain
Reibschweißen	Friction Welding
Richten	Straightening
Rührreibschweißen	Friction Stir Welding
Schadensanalyse	Failure Analysis
Schädigung	Damage
Schädigungskollektiv	Damage Spectrum
Schädigungsrechnung	Fatigue Damage Analysis
Schlankheitsgrad	Slenderness Ratio
Schleifen	Grinding
Schliffbild	Micrograph
Schmiedestahl	Forged Steel
Schweißaufsicht	Welding Supervisor
Schweißeigenspannungen	Residual Welding Stress
Schweißnahtnachbehandlung	Post-Weld Treatment
Schweißposition	Welding Position
Schweißverfahren	Welding Process
Schweißvorrichtung	Welding Fixture
Schwingfestigkeit	Fatigue Resistance
Schwingversuch	Fatigue Test
Sichtprüfung	Visual Testing
Spaltmaß	Weld Gap
Spannungsamplitude	Stress Amplitude
Spannungsarmglühen	Stress Relief Annealing
Spannungsschwingweite	Stress Range
Spannungsverhältnis	Stress Ratio
Spröde	Brittle
Stabilitätsversagen	Buckling
Stahlguss	Cast Steel
Standardabweichung	Standard Deviation
Stegbreite	Web Width
Strahlen	Blasting
Strahlschweißen	Beam Welding
Strukturspannung	Structural Stress

Stumpfstoß	Butt Joint
Tiefschweißeffekt	Deep-Weld Effect
Toleranzkette	Tolerance Chain
Treppenstufenverfahren	Staircase Method
Überlebenswahrscheinlichkeit	Probability of Survival
Ultraschallprüfung	Ultrasonic Testing
U-Naht	U-Joint
Unregelmäßigkeit	Imperfection
Unterpulverschweißen	Submerged Arc Welding
Verschleißresistenter Stahl	Wear-resistant steel
V-Naht	V-Joint
Wannenlage	Flat Position
Wärmeleitfähigkeit	Heat Conductivity
Wasserstrahlschneiden	Water Jet Cutting
Werkstoff	Material
WIG-Nachbehandlung	TIG-Post-Treatment
Wirbelstromprüfung	Eddy Current Testing
Wöhlerlinie	S-N-Curve
Wolfram-Schutzgasschweißen	Gas Tungsten Arc Welding
Wurzelriss	Root Crack
Zerstörende Prüfverfahren	Destructive Testing
Zerstörungsfreie Prüfverfahren	Non-Destructive Testing
Ziellebensdauer	Design Life
Zugänglichkeit	Accessibility
Zugversuch	Tensile Test
Zuschnitt	Cutting

Stichwortverzeichnis

Printed in the United States
by Baker & Taylor Publisher Services